轻松搞定
家装水电明装

QINGSONG GAODING
JIAZHUANG SHUIDIAN MINGZHUANG

阳鸿钧 等 编著

U0309992

中国电力出版社
CHINA ELECTRIC POWER PRESS

内 容 提 要

如何快速地学习和掌握一门技能？有重点的、身临其境地学习实践性知识是最有效的。本书以全彩图文精讲方式介绍了家装水电明装所需的基础知识、必备技能、施工技巧和实战心得。帮助读者打下扎实的理论基础，掌握现场施工的技巧和细节，培养灵活应用的变通能力。

全书共8章，分别从电工和管工基础，明装概述，强电明装，弱电与智能化明装，给水明装，排水明装，雨水、落水管道明装几方面进行了讲述，帮助读者轻轻松松搞定实用家装水电明装。

本书适合装饰装修水电工、建筑水电工、物业水电工、家装工程监理人员及广大业主阅读参考，还可作为职业院校或培训学校的教材和参考读物。

图书在版编目（CIP）数据

轻松搞定家装水电明装/阳鸿钧等编著.— 北京：中国电力出版社，2017.7
ISBN 978-7-5198-0186-1

Ⅰ.①轻… Ⅱ.①阳… Ⅲ.①住宅-室内装修-给排水系统-建筑施工②住宅-室内装修-电气设备-建筑施工 Ⅳ.①TU767②TU821③TU85

中国版本图书馆CIP数据核字（2016）第 314103 号

出版发行：中国电力出版社
地　　址：北京市东城区北京站西街19号（邮政编码100005）
网　　址：http://www.cepp.sgcc.com.cn
责任编辑：莫冰莹
责任校对：郝军燕
装帧设计：赵珊珊
责任印制：蔺义舟
印　　刷：北京博图彩色印刷有限公司
版　　次：2017年7月第一版
印　　次：2017年7月北京第一次印刷
开　　本：880毫米×1230毫米 32开本
印　　张：9.25
字　　数：334千字
印　　数：0001-3000册
定　　价：49.00元

PREFACE

　　家是人们生活的港湾，安全、健康的家离不开好的家装。本书以全彩图文精讲方式介绍了家装水电工明装必备的基础知识、必备技能、施工技巧、实战心得，帮助读者打下扎实的理论基础，掌握现场施工技巧和细节，培养灵活应用的变通能力。

　　本书在介绍城镇单元式住宅家装水电明装技能的同时，还介绍了新农村等独栋带庭院别墅的水电明装技能，为读者全面展现当前这门技术的图景。

　　本书编写过程中，得到了许多同志的支持和帮助，参考了相关技术资料、技术白皮书和一些厂家的产品资料，在此向提供帮助的朋友们、资料文献的作者和公司表示由衷的感谢和敬意！

　　由于编者的经验和水平有限，书中存在不足之处，敬请读者不吝批评、指正。为更好地服务读者，凡有关内容支持、购书咨询、合作探讨等事宜，可发邮件至 suidagk@163.com。

编者

2017 年 6 月

CONTENTS

轻松搞定家装水电明装·**目录**

第4章 强电明装 / 75

第 8 章 雨水、落水管道明装 / 261

第 1 章

电工基础

1.1 电流

　　直流电路中流过的是直流电流，交流电路中流过的是交流电流。电流是由导体中的自由电子在电场力的作用下做有规则的定向运动而形成的（图1-1）。电流形成需要具备的条件：①有电位差；②电路一定要闭合；③有自由电子的导体。铜是导体，存在自由电子，家庭中的电线一般采用铜线来形成电路。

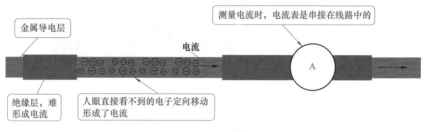

金属导电层

测量电流时，电流表是串接在线路中的

电流

A

绝缘层，难形成电流

人眼直接看不到的电子定向移动形成了电流

图1-1　电流的特点

　　直流电流、交流电流的大小均用电流强度来表示，其数值等于单位时间内通过导体截面的电荷量（图1-2）。电流强度（用字母 I 表示）的单位是安或者安培，用字母 A 表示。电流常用单位有千安（kA）、安（A）、毫安（mA）、微安（μA），它们之间的关系如下：

$$1kA=10^3A, \quad 1A=10^3mA, \quad 1mA=10^3\mu A$$

A

　　能引起人感觉到的最小电流值称为感知电流，交流为1mA，直流为5mA。人触电后能自己摆脱的最大电流称为摆脱电流，交流为10mA，直流为50mA。在较短的时间内危及生命的电流称为致命电流，交流约50mA，在有防止触电保护装置的条件下，人体允许电流一般按30mA考虑。

图1-2　电流的大小

　　线路中的电流形成很快，当合上电源开关时，导线中的电子进行定向移动，这就形成了电流，如图1-3所示。

图 1-3　线路上的电流

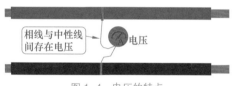（位于下文之后）

▶ 1.2 ▪ 电压

物体带电后具有一定的电位，在电路中任意两点间的电位差，称为该两点的电压。电压的方向由高电位指向低电位，电压的大小随参考点不同而改变（图 1-4）。

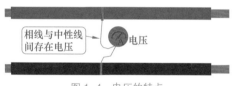

图 1-4　电压的特点

大小与方向均不随时间变化的电压叫直流电压，干电池、蓄电池提供的电压为直流电压。电压的大小与方向都随时间改变的电叫交流电压，例如，220V 的民用电、380V 的动力用电就是交流电压。

交流电压可以经过降压、整流、滤波形成直流电压。

电压的大小如图 1-5 所示。电压的单位是伏特，用字母 V 表示，常用的单位有千伏（kV）、伏（V）、毫伏（mV）、微伏（μV）。它们之间的关系如下：

$$1kV=10^3V,\ 1V=10^3mV,\ 1mV=10^3\mu V$$

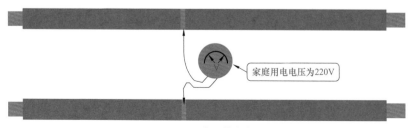

图 1-5　电压的大小

▶ 1.3 ░ 电阻

　　自由电子在物体中移动受到其他电子的阻碍，对于该种导电所表现的能力就叫电阻。导体善于导电，绝缘体不善于导电，如图 1-6 所示。导体对电流的阻碍作用称为该导体的电阻。

　　电阻的单位是欧姆，用字母 Ω 表示，如图 1-7 所示。

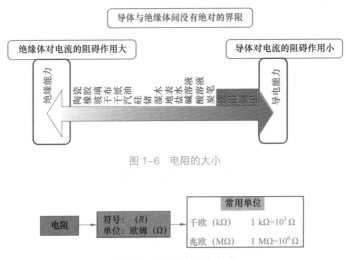

图 1-6　电阻的大小

图 1-7　电阻的符号与单位

▶ 1.4 ░ 欧姆定律

　　欧姆定律是表示电压、电流、电阻三者关系的基本定律。部分电路欧姆定律指电路中通过电阻的电流，与电阻两端所加的电压成正比，与电阻成反比（图 1-8）。

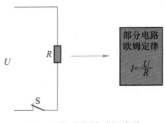

图 1-8　部分电路欧姆定律

全电路欧姆定律是指在闭合电路中（包括电源），电路中的电流与电源的电动势成正比，与电路中负载电阻及电源内阻之和成反比（图 1-9）。

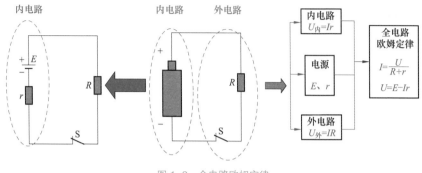

图 1-9　全电路欧姆定律

欧姆定律适用于直流电压、直流电流、电阻间的关系，也适用于交流电压、交流电流、电阻间的关系。

▶ 1.5 ▏家庭电路

家庭电路就是给家庭用电器（包括灯具）供电的电路。以前，家庭电路也叫作照明电路。因为那时电灯、电视机、洗衣机、电冰箱都是由一组家庭电路来供电。现在，简单的家庭电路，如照明电路、插座电路、电器电路也共用一组回路（图 1-10）。

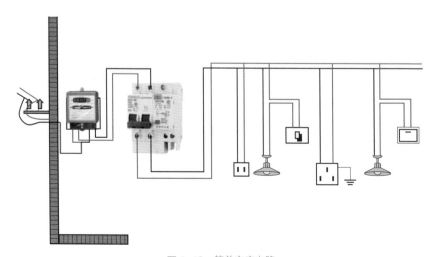

图 1-10　简单家庭电路

复杂的家庭电路需要分几组回路。但是，无论是几组回路，还是一组回路，家庭电路电源点均是从电能表箱或者配电箱开始的。乡镇居民家庭电路电源点以电能表箱（内部一般安装了漏电保护器）居多，城市楼房家庭电路电源点以房屋内配电箱（内部安装漏电保护器）居多。

1.6 相线、地线、中性线

如图 1-11 所示，相线与中性线是从电力系统输送引入的，其中三相平衡时中性线中没有电流通过，中性线直接或间接与大地相连，跟大地电压一样接近零。相线俗称火线，它与中性线共同组成供电回路。地线是把设备或用电器的外壳可靠连接大地的线路。地线的一端在用户区附近用金属导体深埋于地下，另一端与各用户的地线接点相连，这就是接地保护，起到防止触电的作用。

图 1-11　相线、地线、中性线

连线时，相线、地线、中性线的任意两线均不能够直接相连接，如图 1-12 所示。地线只是接电器接地端、插座接地端，其他基本无须连接与安装。因此，一些简单的家装，基本上是走相线、中性线两线。地线在恰当的地方连接即可。

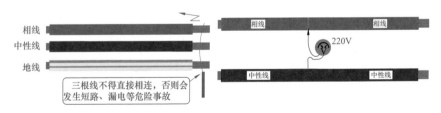

图 1-12　任意两线均不能够直接相连接及线间的电压

相线与开关的连接情况如图 1-13 所示。家庭电路中地线和中性线不能与开关连接，只有相线上才安装控制开关。控制开关控制哪个电器或者灯具，则将其接在该电器或者灯具的相线进线中。

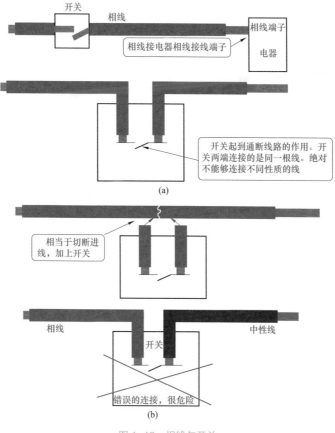

图 1-13　相线与开关

（a）开关的作用；　（b）连接禁忌

原则上，同根线可以连接（搭接），如图 1-14 所示，不同线不能够连接（搭接）。同根线可以连接的方式包括串联、并联、混联，如图 1-15 所示。一般而言，中性线可以全串联或者并联。相线则不能够全串联或者并联。

图 1-14　同根线可以连接（搭接）

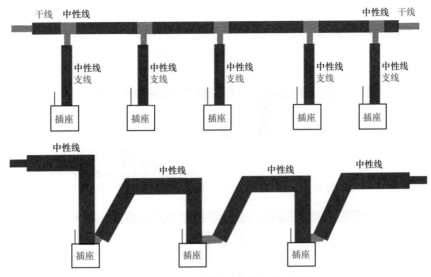

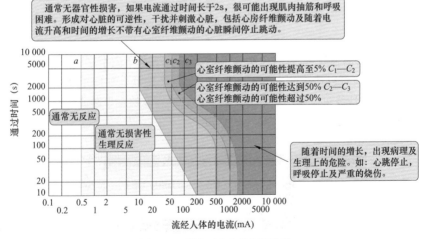

图1-15 同根线的分支线的串联与并联

▷ 1.7 ░ 电流通过人体的影响

人体因触及具有电压的带电体，使身体承受过大的电流，以致引起死亡或局部受伤等异常现象的事故就叫做触电。

触电对人体的伤害程度，与流过人体电流的种类、频率、大小、通电时间长短、电流流过人体的途径、触电者本身身体状况等有关，如图1-16所示。

图1-16 触电对人体的伤害程度

通常交流电的危险性大于直流电，原因为交流电流主要是麻痹、破坏神经系统，使人体难以自主摆脱。频率为 50~100Hz 的电流最为危险。当频率高于 2000Hz 时，交流电由于趋肤效应，危险性将减小。家庭用的市电是 50Hz 的 220V 交流电，可见其危险性大。

触电伤人的主要因素是电流的大小，不同电流对人的伤害如下：

（1）电流在 0.5~5mA 时，人就会有痛感，但尚可忍受，能够自主摆脱。

（2）电流大于 5mA 时，人体将发生痉挛，难以忍受。

（3）电流超过 50mA 时，人体就会呼吸困难、肌肉痉挛、中枢神经遭受损害及心脏停止跳动以致死亡。

▶ 1.8 触电损伤的种类与方式

触电损伤的种类主要包括电击与电伤。电击就是通常所说的触电，绝大部分的触电死亡是电击造成的。电伤是由电流的热效应、化学效应、机械效应以及电流本身作用所造成的人体外伤。

常见的触电方式主要有两相触电、单相触电、跨步电压触电等几种。其中两相触电就是人体同时接触两根相线如图 1–17（a）所示。两相触电的电流将从一根相线经人手进入人体，再经另一只手回到另一根相线，形成回路，这时人体承受 380V 的线电压作用，最为危险。

单相触电就是当人体站在地面上，一只手触及一根相线，如图 1–17（b）所示。单相触电的电流从相线经人手进入人体，再从脚经大地与电源的接地装置回到电源终点，这时人体承受 220V 的相电压，也很危险。事实上，触电死亡事故中，大部分是单相触电。

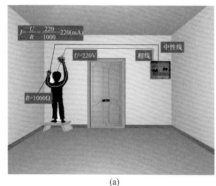
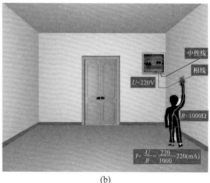

(a)   (b)

图 1–17　两相触电和单相触电
(a) 两相触电；(b) 单相触电

单相触电中有单线触电与两线触电之分，单线触电就是人站在地上，手触到了相线或触到了与相线相连的物体而造成的触电。双线触电就是人两手分别接触相线、中性线而造成的触电。

另外，当某些电器由于导电绝缘破损而漏电时，人体触及外壳也会发生触电事故。

跨步电压就是当外壳接地的电气设备绝缘损坏而使外壳带电，或导线断落发生单相接地故障时，电流由设备外壳经地线、接地体（或由断落导线经接地点）流入大地，向四周扩散，在导线接地点及周围形成强电场，人站立在设备附近地面上，两脚间所承受的电压。如果人迈的步子越大，那么，所承受的跨步电压就越大。这时，电流将从人的一只脚流入，从另外一只脚流出，从而引发触电事故，即跨步电压触电。

接触电压是指人站在发生接地短路故障设备旁边，当与设备的水平距离达到一定值时，手接触了设备的外壳，手与脚两点间呈现的电位差。

第 2 章

管工基础

▶ 2.1 ⋮ 水压

水压就是指水的压力，平时常讲的水压其实指的是压强。用容器盛水时，由于水有重量，就有相当于那么多重量的压力，向容器（水管）的壁与底面作用。盛在容器中的水，对侧面、底面都有压力作用。不过，对于任何方向的面，压力总是垂直于接触面的。有水压才引起水"喷"，如图2-1所示。

图2-1 有水压才引起水"喷"

一定量的水，流过不同粗细的管子时，流速不同，流过的管子越细，流速越大。因此，水流过粗管的流速最小，流过细管的流速最大。流体流速大的地方压强小，流速小的地方压强大（图2-2）。用水阻力与水的流速有关，流速越大，阻力越大。同时，用水时压力只能衰减，如果衰减到了要求数值以下，则用水点就会出不了水。家用水合适的流速为1~3m/s。为节省成本也可以设为3m/s。如果超过5m/s，则可能会影响用水点的水压。

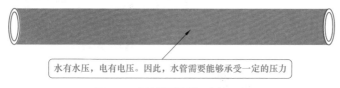

水有水压，电有电压。因此，水管需要能够承受一定的压力

图2-2 水管需要承受一定的压力

▶ 2.2 ⋮ 压力管道

管道是用以输送、分配、混合、分离、排放、计量、控制、制止流体流动的，一般由管子、管件、法兰、螺栓连接、垫片、阀门、其他组成件或受压部件和支承件组成。压力管道是管道中的一部分。压力管道是指所有承受内压或外压的管道，无论其管内介质如何。室外水管道压力的特点如图2-3所示。

图 2-3 室外水管道压力的特点

整个输水管路中，静压强处处相等。输水时，由于阀门、弯头、路径长度等因素影响，压强会衰减。

压力管道的压力级别划分标准如下：

（1）低压管道：$0 \leqslant P \leqslant 1.6MPa$；

（2）中压管道：$1.6 < P \leqslant 10MPa$；

（3）高压管道：$10 < P \leqslant 100MPa$；

（4）超高压管道：$P > 100MPa$。

2.3 室内给水系统

室内给水系统的敷设需要根据室内给水系统的要求（给水点、水质、水压、水量等的要求），以及室外给水系统能够提供的水质、水压、水量、水路预接状态等情况来综合考虑。室内给水系统如图 2-4 所示。

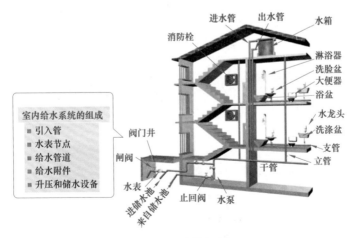

图 2-4 室内给水系统

2.4 冷水管系与热水管系

水管搭接的特点如图 2-5 所示。冷水管系与热水管系互相连接时有讲究，如图 2-6 所示。

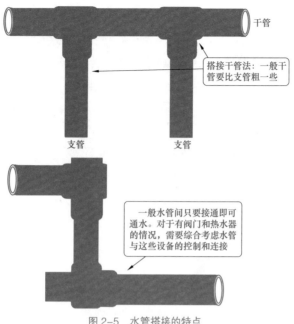

图 2-5　水管搭接的特点

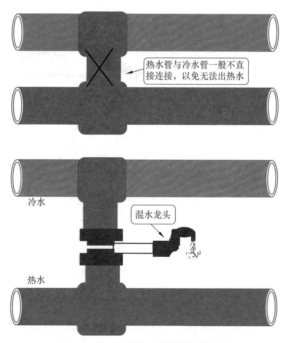

图 2-6　冷水管系与热水管系互相连接

冷水管系和热水管系的示意图如图 2-7 所示。

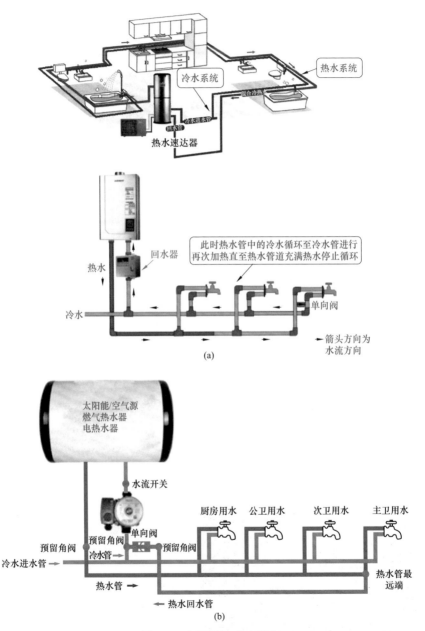

图 2-7　冷水管系与热水管系

(a) 带回水器的安装示意；(b) 带水流开关的安装示意

2.5 室外排水系统

室外排水系统的特点如图 2-8 所示。

图 2-8　室外排水系统的特点

室外排水系统的示意图如图 2-9 所示。

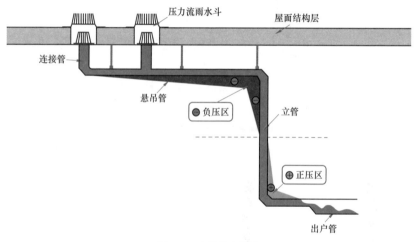

图 2-9　室外排水系统

室外排水可以利用水的特点——重力流，如图 2-10 所示。

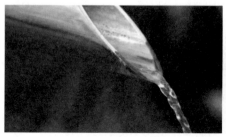

图 2-10　排水可以利用水的特点——重力流

第 3 章

明装概述

▶ 3.1 明装

明装就是管道或者线路在室内沿墙、梁、柱、天花板下、地板旁暴露敷设，如图3-1所示。明装管道造价低，施工安装、维护修理均较方便。明装的缺点是管道表面积灰、产生凝水等影响环境卫生，有碍房屋美观。

明装在城镇家装中应用较少，主要应用于临时装修工程、公装工程，以及一些新农村家装等场所。

另外，对于精装修或者老房子来说，局部装修或者增加装修，就只能走明管来进行明装。

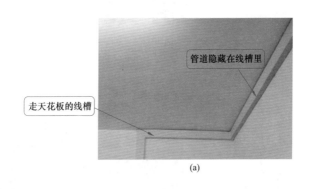

(a)

(b)   (c)

图3-1 明装
(a) 线槽明装； (b) 电线直接明装； (c) 水管明装

明装分为强电明装、弱电明装、给水管明装、排水管明装等；根据套管类型分为硬套管明装与软套管明装；根据使用套管是否内部再嵌套管分为单根线槽/线管明装与内嵌线槽/线管明装，如图3-2所示;根据套管类型分为塑料套管明装、线管套管明装、线槽套管明装、金属管明装等。

(a)　　　　　　　　　　　　　　　　(b)

图 3-2　单根线槽 / 线管明装与内嵌线槽 / 线管明装
(a) 单根线槽 / 线管明装；(b) 内嵌线槽 / 线管明装

　　家装明装线路的特点是一般走门背后线槽装饰、墙角走线槽装饰、顶部线槽装饰、地脚线槽装饰、隐藏管道中再明装等。如果是多管道明装，则可以采用一个宽一点的线槽来隐藏这些均需要明装的管道，也就是在线槽里的隐藏管道，从而从外部看到的只是一根线槽，达到美观的效果。

　　家装明装电线管拐弯处尽量避免采用完全 90°的弯头，但是也不宜直接弯折。电线管的弯曲处，可以使用配套弯管工具或配套弯头，不应有褶皱。应在弯曲处加大弯度，缓冲弯度压力，减轻磨损；否则容易造成线路损毁，导致漏电事故。电线外必须有绝缘套管保护，接头不能裸露在外面。明装线槽正确、安全是第一原则，美观、方便是第二原则。家装明装工艺中，应尽量减少使用电转换器（图 3-3）。家装明装工艺一般是刮腻子粉、上底漆后再安装线槽。有的是刮腻子粉、上底漆然后上面漆，再安装线槽。通常，明装的作业条件包括：

　　（1）配合土建结构施工预埋保护管、木砖、预留孔洞。

　　（2）屋顶、墙面及地面油漆、浆活全部完成。

　　选择金属材料时，需要选用经过镀锌处理的圆钢、扁钢、角钢、螺钉、螺栓、螺母、垫圈、弹簧垫圈等，非镀锌金属材料需要进行防锈和防腐处理。

　　明装辅助材料包括钻头、焊条、氧气、乙炔气、调和漆、防锈漆、橡胶绝缘带或黏塑料绝缘带、黑胶布、螺旋接线钮、LC 安全型压线帽、绝缘导线、套管、接线端子、石膏等。

(a)　　　　　　　　　　　　　　　　(b)

图 3-3　用电转换器
(a) 两级一位加新国标一位带灯和挂耳 1.8m 转换器；(b) 六位 2m 带灯及过载保护转换器

3.2 明装线缆保护常用材料与固定

硬质套管在线缆转弯、穿墙、裸露等特殊位置不能够提供保护时，需要用软质的线缆保护。常用材料有蛇皮套管、防蜡管、螺旋套管、金属边护套等，如图3-4所示。

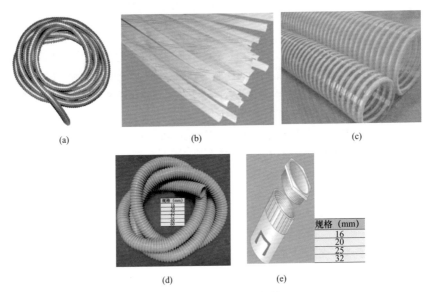

图3-4　线缆保护常用材料

(a) 蛇皮套管；　(b) 防蜡管；　(c) 螺旋套管；　(d) PVC波纹管；　(e) 波纹管索头

线管固定与连接部件包括管卡、弯管接头、软管接头、管箍、接线盒、钢钉线卡、钉、螺钉、地气轧头、线缆固定部件、膨胀螺栓等。

槽管是线路明装中一个重要的组成部分，包括金属线槽、PVC线槽、PVC管、金属管等，如图3-5所示。

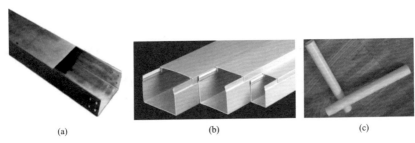

图3-5　各种类型的槽管

(a) 金属线槽；　(b) PVC线槽；　(c) PVC管

▶ 3.3 ░ 金属线槽与塑料线槽

金属线槽与塑料线槽一般由槽底、槽盖组成，每根线槽一般长度为2m。金属线槽与金属线槽连接时，需要使用相应尺寸的铁板与螺钉固定。塑料线槽与塑料线槽连接时，需要使用相应尺寸附件与螺钉固定。金属线槽与塑料线槽的示意图如图3-6所示。

金属线槽和塑料线槽由槽底和槽盖组成，
每根线槽一般长度为2m

槽盖

槽底

槽与槽连接时使用相应尺寸的螺钉固定

镀彩锌槽式
水平三通

图 3-6 金属线槽与塑料线槽

综合布线系统中一般使用的金属线槽的规格有 50mm×100mm、100mm×100mm、100mm×200mm、100mm×300mm、200mm×400mm 等多种规格。

塑料线槽的系列有 PVC-20 系列、PVC-25 系列、PVC-25F 系列、PVC-30 系列、PVC-40 系列、PVC-40Q 系列等。塑料线槽的规格有 20mm×12mm、25mm×12.5mm、25mm×25mm、30mm×15mm、40mm×20mm 等（图 3-7）。

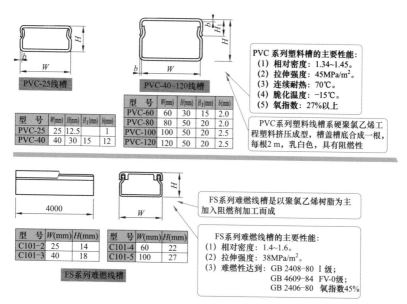

PVC-25线槽

型 号	W(mm)	H(mm)	H₁(mm)	b(mm)
PVC-25	25	12.5		1
PVC-40	40	30	15	12

PVC-40~120线槽

型 号	W(mm)	H(mm)	H₁(mm)	b(mm)
PVC-60	60	30	15	2.0
PVC-80	80	50	20	2.0
PVC-100	100	50	20	2.5
PVC-120	120	50	20	2.5

PVC 系列塑料槽的主要性能：
(1) 相对密度：1.34~1.45。
(2) 拉伸强度：45MPa/m²。
(3) 连续耐热：70℃。
(4) 脆化温度：−15℃。
(5) 氧指数：27%以上

PVC系列塑料线槽系硬聚氯乙烯工
程塑料挤压成型，槽盖槽底合成一根，
每根2m，乳白色，具有阻燃性

4000

型 号	W(mm)	H(mm)
C101-2	25	14
C101-3	40	18

FS系列难燃线槽

型 号	W(mm)	H(mm)
C101-4	60	22
C101-5	100	27

FS系列难燃线槽是以聚氯乙烯树脂为主
加入阻燃剂加工而成

FS系列难燃线槽的主要性能：
(1) 相对密度：1.4~1.6。
(2) 拉伸强度：38MPa/m²。
(3) 难燃性达到：GB 2408-80 Ⅰ级；
　　　　　　　GB 4609-84 FV-0级；
　　　　　　　GB 2406-80 氧指数45%

图 3-7 塑料线槽的主要规格

塑料线槽颜色一般为白色，标准长度为 2m 或 2.9m（图 3-8）。

图 3-8　塑料线槽

塑料线槽是一种带盖板封闭式的管槽材料，盖板与槽体通过卡槽合紧。与塑料线槽配套的附件常见的有阳角、阴角、直转角、平三通、左三通、右三通、连接头、终端头、接线盒（暗盒、明盒）等，如图 3-9 和图 3-10 所示。

名称	图例	名称	图例	名称	图例
阳角		顶三通		终端头	
阴角		左三通		接线盒插口	
直转角		右三通		灯头盒插口	
平三通		连接头			

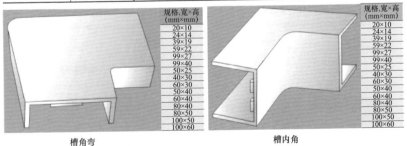

槽角弯　　　　　　　　　　　　槽内角

图 3-9　塑料线槽常见的附件（一）

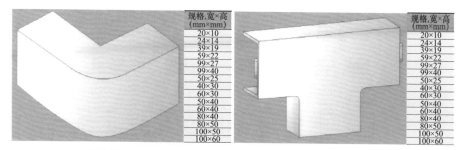

规格,宽×高 (mm×mm)
20×10
24×14
39×19
59×22
99×27
99×40
50×25
40×30
60×30
50×40
60×40
80×40
80×50
100×50
100×60

槽外角

规格,宽×高 (mm×mm)
20×10
24×14
39×19
59×22
99×27
99×40
50×25
40×30
60×30
50×40
60×40
80×40
80×50
100×50
100×60

槽三通

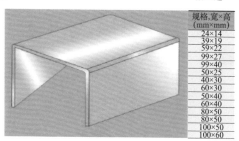

规格,宽×高 (mm×mm)
24×14
39×19
59×22
99×27
99×40
50×25
40×30
60×30
50×40
60×40
80×50
80×50
100×50
100×60

连接头

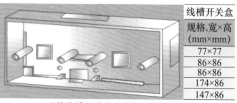

线槽开关盒 规格,宽×高 (mm×mm)
77×77
86×86
86×86
174×86
147×86

明装线槽开关盒（拼装型）

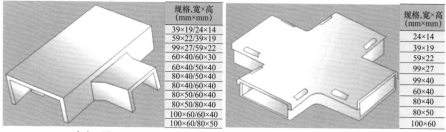

规格,宽×高 (mm×mm)
39×19/24×14
59×22/39×19
99×27/59×22
60×40/60×30
60×40/50×40
80×40/50×40
80×40/60×40
80×50/60×40
80×50/80×40
100×60/60×40
100×60/80×50

中小三通

规格,宽×高 (mm×mm)
24×14
39×19
59×22
99×27
99×40
60×40
80×40
80×50
100×60

盒式十字四通

图 3-9 塑料线槽常见的附件（二）

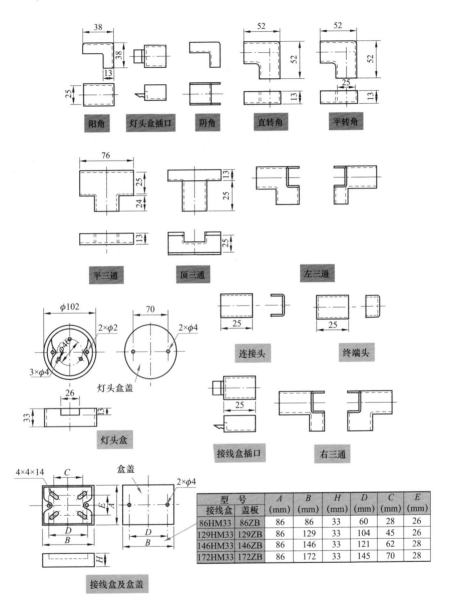

图 3-10 塑料线槽主要附件规格

型 号		A	B	H	D	C	E
接线盒	盖板	(mm)	(mm)	(mm)	(mm)	(mm)	(mm)
86HM33	86ZB	86	86	33	60	28	26
129HM33	129ZB	86	129	33	104	45	26
146HM33	146ZB	86	146	33	121	62	28
172HM33	172ZB	86	172	33	145	70	28

塑料线槽允许容纳电线、电缆的数量见表 3-1。

>>3.4 FS 难燃塑料线槽附件

FS 难燃塑料线槽附件的规格如图 3-11 所示。

表 3-1　塑料线槽允许容纳电线、电缆的数量

PVC系列塑料线槽型号	线槽内横截面积 (mm²)	电线型号	单芯绝缘电线线芯标称截面积 (mm²)															RVB型或RVS型 2×0.3mm² 电话线	HYV型 2×0.5mm² 电话电缆	SYV-75-5-1 同轴电缆	SYV-75-9 同轴电缆
			1.0	1.5	2.5	4.0	6.0	10	16	25	35	50	70	95	120	150	允许容纳电线根数，电话线对数或电话电缆、同轴电缆条数			
			允许容纳电线根数													电话线对数及同轴电缆数量			
PVC-25	200	BV BLV	8	5	4	3	2										6 对	1 条 5 对	2 条	
		BX BLX	3	2	2	2														
		BXF BLXF	4	4	3	2	2													
PVC-40	800	BV BLV	30	19	15	11	9	5	3								22 对	3 条 15 对或 1 条 50 对	8 条	3 条
		BX BLX	10	9	8	6	5	3	2											
		BXF BLXF	17	15	12	9	6	4	3											
PVC-60	1200	BV BLV	75	47	36	29	22	12	8	6	4	3	2	2			33 对	2 条 40 对或 1 条 100 对		
		BX BLX	25	22	19	15	13	8	6	4	3	2	2	2						
		BXF BLXF	42	33	31	24	16	11	7	5	4	3	2	2						
PVC-80	3200	BV BLV	120	74	58	46	36	19	13	9	7	5	4	3			88 对	2 条 150 对或 1 条 200 对		
		BX BLX	40	36	30	25	21	12	9	6	5	4	3	2	2					
		BXF BLXF	67	58	49	38	26	17	11	8	6	4	3	3	2					
PVC-100	4000	BV BLV	151	93	73	57	44	24	17	11	9	6	5	3	3	2	110 对	1 条 200 对或 1 条 300 对		
		BX BLX	50	44	38	31	26	15	12	8	7	5	4	3	3	2				
		BXF BLXF	83	73	62	47	32	21	14	10	7	5	4	3	3					
PVC-120	4800	BV BLV	180	112	87	69	53	28	20	13	10	7	6	4	4	3	132 对	2 条 200 对或 1 条 400 对		
		BX BLX	60	53	46	37	31	18	14	10	7	6	5	4	4	2				
		BXF BLXF	100	87	74	56	38	25	16	12	9	7	5	4	2					

注：1. 表中电线总截面积占线槽内横截面积的 20%，电话线、电话电缆及同轴电缆总截面积占线槽内横截面积的 33%。
　　2. 其他线槽内允许容纳的电线、电话线及同轴电缆数量可参考本表。

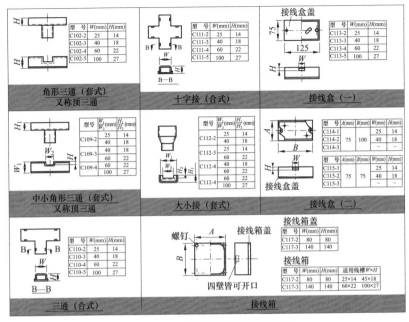

图 3-11 FS 难燃塑料线槽附件的规格

3.5 ✦ 3X-D 塑料线槽、连接件、封端的规格

3X-D 塑料线槽、连接件、封端的规格如图 3-12 所示。

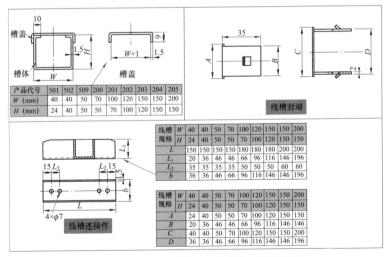

图 3-12 3X-D 塑料线槽、连接件、封端的规格

3.6 金属管与塑料管 / 槽

金属管主要用于分支结构或暗埋的线路或明装线路。金属管的规格有多种，常以外径（单位为 mm）划分。常用的金属管有 D16、D20、D25、D32、D40、D50、D63、D25、D110 等规格。还有一种金属管是软管（即蛇皮管），其可供弯曲的地方使用。在金属管内穿线比线槽布线难度大一些，因此，在选择金属管时要注意选择大一点管径，以便于穿线（图 3-13）。

塑料管有两大类：PE 阻燃导管和 PVC 阻燃导管。PE 阻燃导管是一种塑制半硬导管，其外径有 D16、D20、D25、D32 等规格。PE 阻燃导管外观一般为白色，具有强度高、耐腐蚀、挠性好、内壁光滑等优点。PE 阻燃导管明装、暗装穿线均可以。PE 阻燃导管常以盘为单位。

PVC 阻燃导管是以聚氯乙烯树脂为主要原料，加入适量的助剂，经加工设备挤压成型的刚性导管。小管径的 PVC 阻燃导管可以在常温下进行弯曲。PVC 阻燃导管外径有 D16、D20、D25、D32、D40、D45、D63、D25、D110 等规格。PVC 阻燃导管与 PVC 管安装配套的附件有接头、螺圈、弯头、弯管弹簧、一通接线盒、二通接线盒、三通接线盒、四通接线盒、开口管卡、专用截管器、PVC 胶黏剂等，如图 3-14 所示。

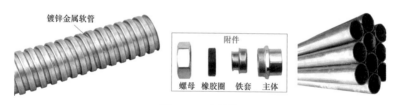

图 3-13 金属管

PVC阻燃导管

外径 （mm）	厚度 （mm）	外径 （mm）	厚度 （mm）
16	1.40	16	1.20
20	1.80	20	1.30
25	2.00	25	1.60
32	2.30	32	2.00
40	2.30	40	2.00
50	3.00	50	2.50
60	3.00	60	2.50
63	3.00	63	2.50

管直通（套筒）

规格（mm）
16
20
25
32
40
50
60

管弯头

规格（mm）
16
20
25
32
40
50
60

管三通

规格（mm）
16
20
25
32
40
50
60

图 3-14 PVC 阻燃导管附件（一）

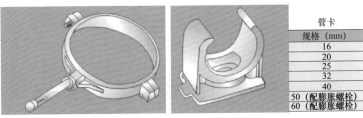

塑料管卡（配膨胀螺栓）　　　　　管夹

管卡
规格（mm）
16
20
25
32
40
50（配膨胀螺栓）
60（配膨胀螺栓）

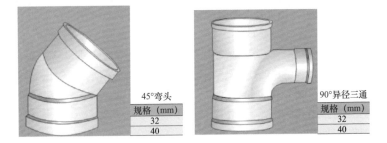

45°弯头
规格（mm）
32
40

90°异径三通
规格（mm）
32
40

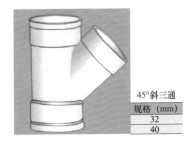

45°斜三通
规格（mm）
32
40

45°斜三通
规格（mm）
45×32
50×40

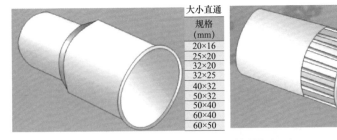

大小直通
规格（mm）
20×16
25×20
32×20
32×25
40×32
50×32
50×40
60×40
60×50

管接头（内牙）
规格（mm）
16
20
25
32
40
50

图 3-14　PVC 阻燃导管附件（二）

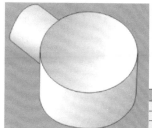

单通圆盒
（带盖）

规格（mm）
16
20
25

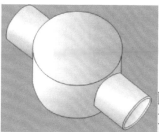

双直通圆盒
（带盖）

规格（mm）
16
20
25

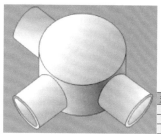

三通圆盒
（带盖）

规格（mm）
16
20
25

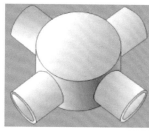

四通圆盒
（带盖）

规格（mm）
16
20
25

管塞

规格（mm）
16
20
25

有盖弯头

规格（mm）
20
25
32
40
50

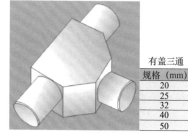

有盖三通

规格（mm）
20
25
32
40
50

图 3-14　PVC 阻燃导管附件（三）

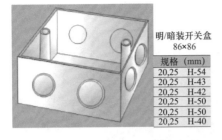

明/暗装开关盒
86×86

规格（mm）	
20,25	H-54
20,25	H-43
20,25	H-42
20,25	H-50
20,25	H-50
20,25	H-40

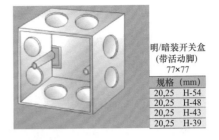

明/暗装开关盒
（带活动脚）
77×77

规格（mm）	
20,25	H-54
20,25	H-48
20,25	H-43
20,25	H-39

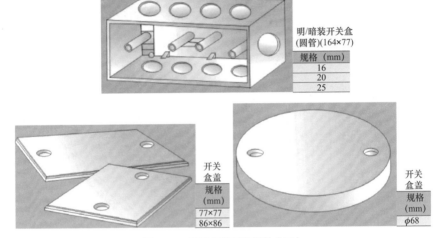

明/暗装开关盒
（圆管）(164×77)

规格（mm）
16
20
25

开关
盒盖
规格
（mm）

77×77
86×86

开关
盒盖
规格
（mm）

φ68

图 3-14　PVC 阻燃导管附件（四）

　　明装阻燃塑料线槽主要用于明装配线工程中，对电线、电话线、有线电视、网络线路等起到保护作用。明装阻燃塑料线槽外观整洁、美观，安装、检修方便，特别适合于大厦、学校、医院、商场、宾馆、厂房的室内配线及线路改造工程。

　　常见明装线槽的特点如下：

　　（1）绝缘性能强：能够承受 2500V 电压，有效避免漏、触电危险。

　　（2）耐腐蚀、防虫害：线槽具有耐一般性酸碱性能，无虫鼠危害。

　　（3）阻燃性能好：线槽在火焰上烧烤离开后，火焰能迅速熄灭，避免火焰沿线路蔓延，同时由于它的传热性能差，在火灾情况下能在较长时间内保护线路，延长电气控制系统的运行，便于人员的疏散。

　　（4）安装使用方便：明装阻燃塑料线槽的线槽盖可开启，便于布线及线路的改装，且自重很轻，便于搬运安装。明装阻燃塑料线槽可锯、可切割、可钉。切割拼接或使用配套附件可快速方便地把线槽连接成各种所需形状。

PPR（polypropylene random），又叫无规共聚聚丙烯，是目前广泛用于冷水管道、热水管道的一种材料管道。其因施工方便、可靠度高被广泛使用。随着独立供暖市场的兴起，PPR 管道也被应用到采暖系统中来。但是，地暖主管道一般采用铝塑复合管（欧洲基本也是这样）。对于地暖和暖气，主管道不宜用 PPR。

塑料线槽由槽底、槽盖与附件组成，由阻燃型硬聚氯乙烯塑料挤塑成型。选用塑料线槽时，需要根据设计要求选择型号、规格相应的定型产品。其敷设场所的环境温度不得低于 –15℃，其氧指数不应低于 27%。线槽内外需要光滑无棱刺，不应有扭曲、翘边等变形现象。塑料线槽长度一般为 2.5m/ 根。PVC 电线管颜色一般为白色，标准长度为 2m/ 条或 2.9m/ 条，如图 3–15 所示。

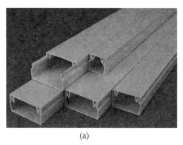
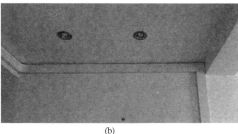

(a)　　　　　　　　　　　　　　　　　(b)

图 3–15　塑料线槽

塑料线槽的型号一般由线槽的系列代号（TA、TB、TC、TE、XC 等）与线槽的截面尺寸（宽 × 高，mm × mm）组成，例如 TA32 × 12.5 就是指截面尺寸为 32mm × 12.5mm 的 TA 系列线槽。

塑料大线槽 TE86 × 40、TE160 × 50A、XC120 × 50 的槽盖上可安装相应的开关与插座类接插件。TE160 × 50A 适宜安装 M120 系列开关插座，XC120 × 50 适宜安装 V86 系列开关插座，TE86 × 40 可以选用专用接插件面板框配 M120 系列开关插座模块。

塑料线槽内电线、电缆总截面积与线槽内横截面积的比值，需要遵守国家现行规程规定。

线槽的安装要横平竖直，并且沿建筑物形状表面进行敷设。线槽的槽底、槽盖与各种附件相对接时，接缝处应严实平整，固定牢固。

塑料线槽的型号及 PVC 塑料管安装工具如图 3–16 所示。

常用的线槽接头配件有线槽直接头、直角弯接头、三通接头、变径三通接头、线槽堵头、线槽接线盒、地面线槽固定端卡等，如图 3–17 所示。

塑料大线槽专用附件有一字接头、直角接头、T 形接头、线槽用接插件面板组件、内弯接头（阴角）、外弯接头（阳角）、线槽端盖、固定架、分线架、分隔板等，如图 3–18 所示。

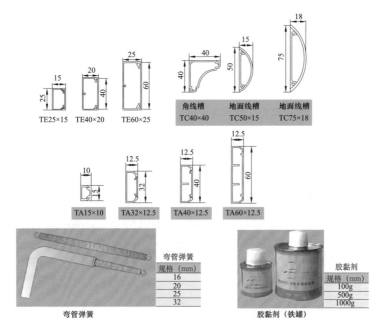

图 3-16 塑料线槽的型号及 PVC 塑料管安装工具

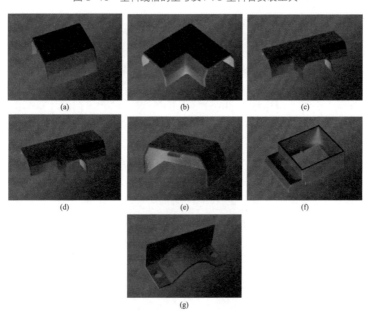

图 3-17 常用的线槽接头配件
(a) 线槽直接头； (b) 直角弯接头； (c) 三通接头； (d) 变径三通接头； (e) 线槽堵头；
(f) 线槽接线盒； (g) 地面线槽固定端卡

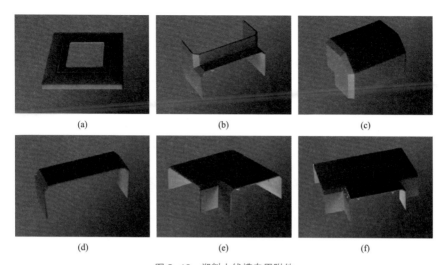

(a) 　　　　　　　　(b) 　　　　　　　　(c)

(d) 　　　　　　　　(e) 　　　　　　　　(f)

图 3–18　塑料大线槽专用附件

(a) 线槽用接插件面板组件；　(b) 内弯接头（阴角）；　(c) 外弯接头（阳角）；　(d) 一字接头；
(e) 直角接头；　(f) T 形接头

PVC 线槽及附件的尺寸见表 3–2。

表 3–2　　　　　　　　　　PVC 线槽及附件的尺寸

名称	长（mm）	宽（mm）	高（mm）	壁厚（mm）	名称	长（mm）	宽（mm）	高（mm）	壁厚（mm）
线槽	3000	15	10	1.0	线槽	2500	32	12.5	1.2
		25	15	1.1			40		
		40	20	1.3			60		
		60	25	1.4			20	16	1.2
		80	40	1.7			32		
封闭式线槽	3000	50	25	2.5			40		
		75		3.2			120	50	3
		100		3.2	顶角线槽	2500	40	40	1.2
封闭式线槽接头		50	25	2.5	阳角，阴角，直转角，平三通，左三通，右三通，四通、连接头、终端头		20	12.5	1.5
		75		3.2			32	16	
		100		3.2			40	40	
阳角，阴角，直转角，平三通，左三通，右三通，连接头，终端头		15	10	1.0			60		
		25	15	1.1			125	50	2.5
		40	20	1.3	变径三通		40 → 32	12.5	1.5
		60	25	1.4			60 → 40	16	
		80	40	1.7				40	
接线盒	86	86	32	2.5	顶角线槽变径三通		40 → 32		
	172		34		接线盒	86	86	33	2
接线盒盖板	86	86	8	2.5	接线盒盖板	86	86	7	2

▶ 3.7 桥架

桥架是建筑物内布线的一个部分，其可以分为普通型桥架、重型桥架、槽式桥架。普通桥架中还可以分为普通型桥架、直边普通型桥架。桥架的分类见表 3-3。

普通桥架中，有以下主要配件供组合：梯架、三通、四通、多节二通、弯通、凸弯通、凹弯通、调高板、端向连接板、调宽板、垂直转角连接件、连接板、小平转角连接板、隔离板等。

直边普通型桥架中，有以下主要配件供组合：梯架、四通盖、凸弯通盖板、凹弯通盖板、弯通、三通、四通、多节二通、凸弯通、凹弯通、盖板、弯通盖板、三通盖板、花孔托盘、花孔弯通、花孔四通托盘、连接板、垂直转角连接板、小平转角连接板、端向连接板护板、隔离板、调宽板、端头挡板等。

重型桥架与槽式桥架在网络布线中应用较少。

常见桥架的特点见表 3-4。

表 3-3	桥架的分类
分类依据	分类
结构	桥架根据结构分为梯级式桥架、托盘式桥架、槽式桥架
材质	桥架根据材质分为不锈钢桥架、铝合金桥架、铁质桥架

表 3-4	常见桥架的特点
名称	图例
槽式桥架	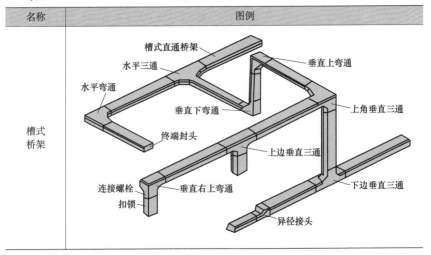

续表

名称	图例
托盘式桥架	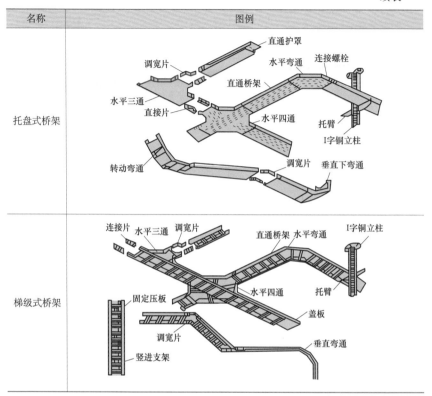
梯级式桥架	

支架是支撑电缆桥架的主要部件，它由立柱、立柱底座、托臂等组成。可以根据不同环境条件（如工艺管道架、楼板下、墙壁上、电缆沟内等）安装不同形式（如悬吊式、直立式、单边、双边、多层等）的桥架。安装时，还需要连接螺栓与安装螺栓（指膨胀螺栓）。支架等附件如图 3-19 所示。

桥架的安装因地制宜：可以水平敷设、垂直敷设，可以采用转角、采用 T 字形分支、采用十字形分支，可以调宽、调高、变径，可以安装成悬吊式、直立式、侧壁式，可以安装成单边、双边、多层等形式。大型多层桥架吊装或立装时，应尽量采用工字钢立柱两侧对称敷设，避免偏载过大，造成安全隐患。

桥架安装的范围：

（1）楼板与梁下吊装。

（2）工艺管道上架空敷设。

（3）室内外墙壁、柱壁、露天立柱、支墩、隧道、电缆沟壁上侧装。

多层桥架各型线缆敷设的要求见表 3-5。

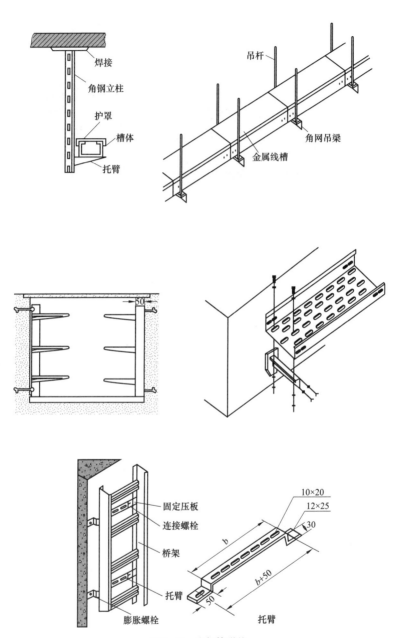

图3-19　支架等附件

表 3-5　　　　　　　　　　　多层桥架各型线缆敷设的要求

电缆用途	采用桥架形式及型号	距上层桥架距离
计算机线缆	带屏蔽罩槽式	
屏蔽控制电缆	带屏蔽罩槽式	
一般控制电缆	托盘式、槽式	≥ 250mm
低压动力电缆	梯级式、托盘式、槽式	≥ 350mm
高压动力电缆	带护罩梯级式	≥ 400mm

桥架安装常用施工工具与仪表有线槽剪、梯子、台虎钳、管子切割器、管子钳、螺纹铰板、简易弯管器、扳曲器、电工工具箱、电源线盘、充电旋具、角磨机、手电钻、冲击电钻、电锤、拉钉枪、型材切割机、台钻、数字万用表、接地电阻测量仪等。

金属管 / 槽安装的要求：

（1）直线端的钢制线槽长度超过 30m，需要加伸缩节。电缆线槽跨变形缝处需要设补偿装置。

（2）金属电缆线槽间及其支架全长，需要不小于 2 处与接地（PE）或接零（PEN）干线相连接。

（3）镀锌电缆线槽间连接板的两端不跨接地线。连接板两端不小于 2 个有防松螺母或防松垫圈的连接需要固定螺栓。

（4）非镀锌电缆线槽间连接板的两端跨接铜芯地线，地线最小允许截面积不小于 BVR-4 mm^2。

（5）线槽 CT300×100 以下与横担固定 1 个螺栓，CT400×100 以上必须固定 2 个螺栓。

3.8　水电明装的应用领域

水电明装主要在农村地区采用较多（图 3-20），个别城镇采用暗装与明装混合方式。不是所有业主装修都会请装修监理，对于不合格的暗装，业主不好检验质量，不如采用明装方式（图 3-21）。家装明装一般电路采用槽板安装。目前，采用木槽板较少，主要采用塑料槽板安装。新农村地区的水路明装，一般由室外水泵把水抽到井边，然后从井边明装 PPR 水路到楼顶的水塔，再由水塔 PPR 水管引到需要水路的房间。

3.9　家装电气明装需要的机具

家装电气明装需要的机具主要有（图 3-22）：①铅笔、卷尺、线坠、粉线袋、电工常用工具、活扳手、手锤、錾子；②钢锯、钢锯条、喷灯、锡锅、锡勺、焊锡、焊剂；③手电钻、电锤、万用表、绝缘电阻表、工具袋、工具箱、高凳、梯子等。

图 3-20 水电明装的应用领域

图 3-21 不合格的暗装

可代替原PVC塑料护套

将电线剥开外皮，穿入端子后铜管，使用端子钳压紧即可

图 3-22 家装电气明装需要的机具

3.10 明装电工胶布与 PVC 电气绝缘胶带

双面胶布不能代替 PVC 电气绝缘胶带，如图 3-23 所示。

PVC 电气绝缘胶带的特性及规格如图 3-24 所示。

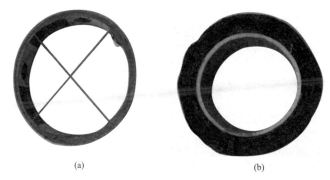

(a) (b)

图 3-23 双面胶布与电气绝缘胶带
(a) 双面胶布; (b) 电气绝缘胶带

产品	基材	180°剥离 (N/10mm)	拉伸强度 (N/10mm)	断裂伸长率 (%)	耐电压 (kV/mm)	体积电阻率 (Ω·cm)	阻燃性
PVC电气绝缘胶带	聚氯乙烯薄膜	≥1.0	≥15	≥150	≥40	$\geq 1.0 \times 10^{12}$	1级

规格尺寸 (厚度×宽度×长度)
0.13mm×18mm×10m
0.13mm×18mm×10m
0.13mm×18mm×10m
0.13mm×18mm×10m
0.13mm×18mm×10m
0.13mm×18mm×10m
0.15mm×18mm×20m
0.15mm×18mm×20m
0.15mm×18mm×20m
0.15mm×18mm×20m
0.15mm×18mm×20m
0.15mm×18mm×20m

图 3-24 PVC 电气绝缘胶带的特性及规格

▷ 3.11 ▧ 家装电气明装的工艺流程

家装电气明装的作业条件如图 3-25 所示。

家装电气明装工艺流程：弹线定位→线槽固定→线槽连接→槽内放线→导线连接→线路检查，绝缘摇测→槽板盒线。

图 3-25　家装电气明装的作业条件

▶ 3.12 ░PVC 管／线槽安装概述

PVC 管／线槽安装的要求：

（1）PVC 线槽安装前，可能需要切断 PVC 线槽。切断 PVC 线槽可以采用 PVC 线槽剪钳，也可以采用手钢锯锯断，或用美工刀切割断。用手钢锯锯断时，需要锯条与 PVC 线槽面整体接触，如果垂直槽边锯，则可能会锯坏槽边。

（2）线槽安装时，需要平整，无扭曲变形，内壁没有毛刺，接缝处紧密平直，各种附件齐全。

（3）线槽连接口处需要平整，接缝处紧密平直。槽盖装上需要平整，无翘角，出线口位置正确。

（4）敷设在竖井内的线槽与穿越不同防火区的线槽，需要根据设计要求的位置设防火隔堵措施。

（5）线槽经过变形缝时，线槽本身需要断开，线槽内用连接板连接，不得固定，保护地线需要有补偿余量。

（6）非金属线槽所有非导电部分均需要相应的连接与跨接，使之成为一个整体，以及需要做好整体连接。

明装 PVC 管 / 线槽一般都是靠顶装,如果有吊顶,最好装入吊顶里面。使用多大的线槽,要根据使用多大(多少)的电线来决定。一般家装紧挨天花板下面安装,使用 25mm × 20mm PVC 线槽就够用了。

明装线槽安装的高度只要看上去美观、安全、可靠即可,并没有严格的规定。注意紧贴天花板安装时,如果过度紧贴,则可能有些不便安装,需要留 4~5cm 缝隙,如图 3-26 所示。

图 3-26　PVC 线槽安装

明装时,线槽与线管二选其一即可,也可以混合使用。如果有许多或者几根线管,看上去不美观,则可以采用一根线槽隐蔽许多或者几根线管来嵌入安装。

PVC 线槽采用托架时,一般在 1m 左右安装一个托架。采用固定槽时,一般在 1m 左右安装固定点。固定点是把槽固定的地方,根据槽的大小来设置间隔。

(1)对于 25mm × 20mm、25mm × 30mm 规格的线槽,一个固定点至少有 2 个固定螺钉并且水平排列。

(2)对于 25mm × 30mm 规格以上的线槽,一个固定点至少有 3 个固定螺钉,并且呈梯形状,这样会使线槽受力点分散分布。

(3)除了固定点外应每隔 1m 左右钻两个孔,用双绞线穿入,待布线结束后,把所有的双绞线捆扎起来。

(4)墙面明装 PVC 线槽,线槽固定点间距一般为 1m,固定方式有直接向水泥中钉螺钉、先打塑料膨胀管再钉螺钉等。

(5)水平、垂直干线布线方式基本是一样的,其差别一般就是一个横着,一个竖着。

▶ 3.13 明装常见安装附件与安装方法

明装常见安装附件如图 3-27~ 图 3-31 所示。

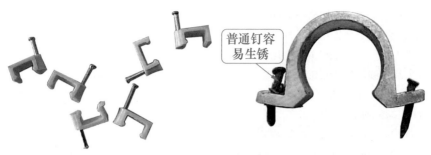

图 3-27 明装固定线 / 管夹

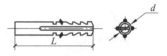

直径 d (mm)		6	8	10	12
长度 L (mm)		31	48	59	60
木螺钉 (mm)	直径	3.5, 4	4.4, 5	5.5, 6	5.5, 6
	长度	被连接件厚度+胀管长度+10			
钻孔 尺寸 (mm)	直径	混凝土：等于或小于胀管直径0.3			
		加气混凝土：小于胀管直径0.5			
		硅酸盐砌块：小于胀管直径0.3			
	深度	大于胀管长度10			

图 3-28 明装固定塑料胀管及规格

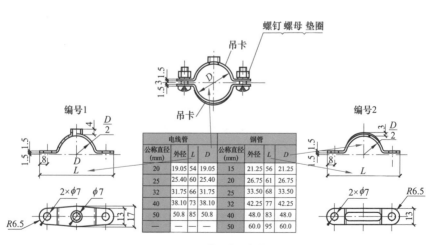

电线管				钢管			
公称直径 (mm)	外径	L	D	公称直径 (mm)	外径	L	D
20	19.05	54	19.05	15	21.25	56	21.25
25	25.40	60	25.40	20	26.75	61	26.75
32	31.75	66	31.75	25	33.50	68	33.50
40	38.10	73	38.10	32	42.25	77	42.25
50	50.8	85	50.8	40	48.0	83	48.0
—				50	60.0	95	60.0

图 3-29 管吊卡及规格

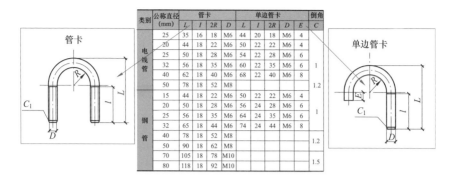

类别	公称直径(mm)	管卡				单边管卡					倒角
		L	I	2R	D	L	I	2R	D	E	C
电线管	25	35	16	18	M6	44	20	18	M6	4	
	20	44	18	22	M6	50	22	22	M6	4	
	25	50	18	28	M6	54	22	28	M6	4	
	32	56	18	35	M6	60	22	35	M6	6	1
	40	62	18	40	M6	68	22	40	M6	8	
	50	78	18	52	M8						1.2
钢管	15	44	18	22	M6	50	22	22	M6	6	
	20	50	18	28	M6	56	24	28	M6	6	
	25	56	18	35	M6	64	24	35	M6	6	1
	32	65	18	44	M6	74	24	44	M6	8	
	40	78	18	52	M8						1.2
	50	90	18	62	M8						
	70	105	18	78	M10						1.5
	80	118	18	92	M10						

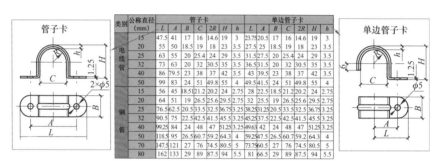

类别	公称直径(mm)	管子卡							单边管子卡						
		L	A	B	C	2R	H	h	L	A	B	C	2R	H	h
电线管	15	47.5	41	17	16	14.6	19	3	23.75	20.5	17	16	14.6	19	3
	20	55	50	18.5	19	18.5	24	3	27.5	25	18.5	19	18.5	24	3
	25	63	55	20	25.4	24	29	3.5	31.5	27.5	20	25.4	24	29	3.5
	32	73	63	20	32	30.5	35	3.5	36.5	31.5	20	32	30.5	35	3.5
	40	86	79.5	23	38	37	42	3.5	43	39	23	38	37	42	3.5
	50	99	83	24	51	49.8	55	4	49.5	41.5	24	51	49.8	55	4
钢管	15	56	45	18.5	21.2	21.2	22	2.75	28	22.5	18.5	21.2	20.2	22	2.75
	20	64	51	19	26.5	25.6	29.5	2.75	32	25.5	19	26.5	25.6	29.5	2.75
	25	76.5	62.5	20.5	33.5	32.5	36.75	3.25	38.25	31.25	20.5	33.5	32.5	36.75	3.25
	32	90.5	75	22.5	41.5	41.5	45.5	3.25	45.25	37.5	22.5	41.5	41.5	45.5	3.25
	40	99.25	84	24	48	47	51.25	3.25	49.63	42	24	48	47	51.25	3.25
	50	118.5	95	26.5	60.7	59.2	64.3	4	59.25	47.5	26.5	60.7	59.2	64.3	4
	70	147.5	121	27	76	74.5	80.5	5	73.75	60.5	27	76	74.5	80.5	5
	80	162	133	29	87	87.5	94	5.5	81	66.5	29	89	87.5	94	5.5

图 3-30 管卡及规格

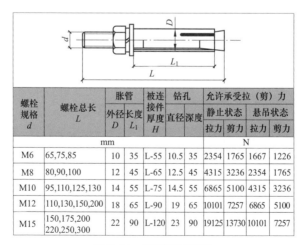

螺栓规格 d	螺栓总长 L	胀管		被连接件厚度 H	钻孔		允许承受拉(剪)力			
		外径 D	长度 L1		直径	深度	静止状态		悬吊状态	
							拉力	剪力	拉力	剪力
	mm						N			
M6	65,75,85	10	35	L-55	10.5	35	2354	1765	1667	1226
M8	80,90,100	12	45	L-65	12.5	45	4315	3236	2354	1765
M10	95,110,125,130	14	55	L-75	14.5	55	6865	5100	4315	3236
M12	110,130,150,200	18	65	L-90	19	65	10101	7257	6865	5100
M15	150,175,200 220,250,300	22	90	L-120	23	90	19125	13730	10101	7257

图 3-31 膨胀螺栓及规格

明装常见附件的安装方法如图 3-32 所示。

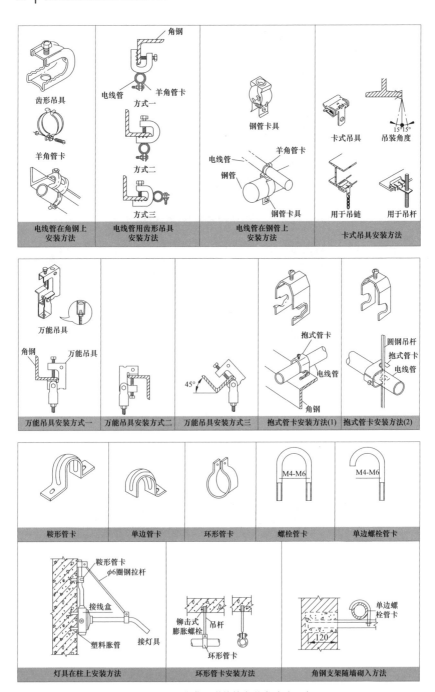

图 3-32 明装常见附件的安装方法（一）

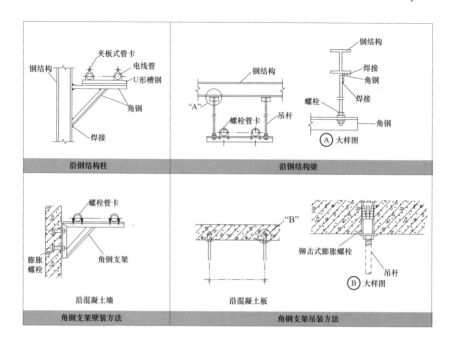

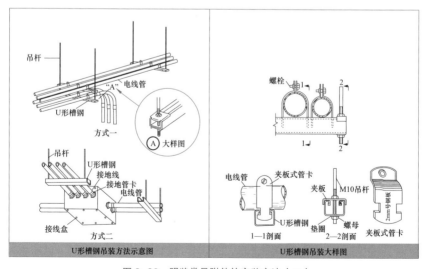

图 3-32 明装常见附件的安装方法（二）

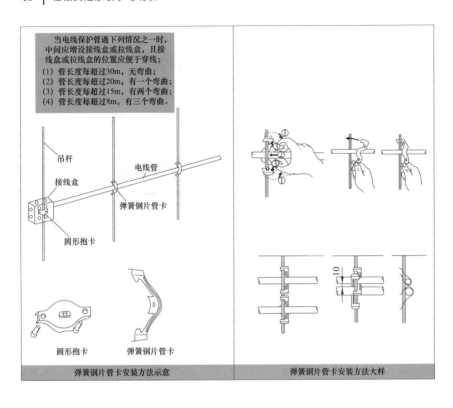

弹簧钢片管卡安装方法示意

弹簧钢片管卡安装方法大样

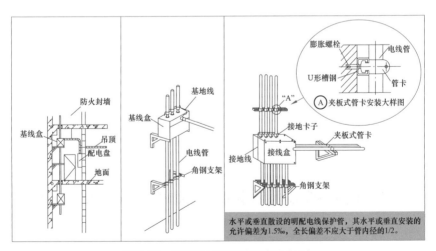

图 3-32 明装常见附件的安装方法（三）

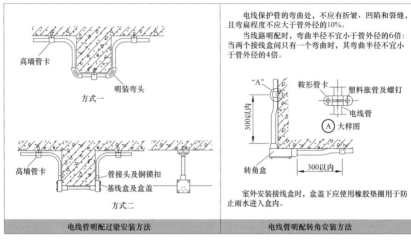

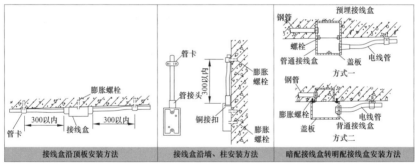

图 3-32 明装常见附件的安装方法（四）

▶ 3.14 明装线槽的固定

明装线槽的固定方法（图 3-33）如下：

（1）配合土建结构施工时预埋木砖固定。

（2）塑料胀管固定。

（3）伞形螺栓固定。

（4）采用明装线卡钉固定。

（5）有的墙面太硬了，钻洞放胶塞后用自攻螺钉或粗短钢钉固定有点麻烦，直接将 2mm×15mm 的细小钢钉用铁锤打进墙面也有难度。这时可以用玻璃胶粘，也可以用气动的钢钉枪固定线槽，瓷砖上固定明装线槽可以使用万能胶。

（6）使用双面胶固定。

（7）使用气钉枪固定。

（8）好钉的墙，用水泥钉或电动射钉枪固定线槽。难钉的墙，用电锤打洞塞膨胀管，再拧自攻螺钉。

（9）固定线槽时，可以用双面胶贴底部，两个侧面与墙接缝地方用玻璃胶。

（10）用水泥钉固定线，然后扣上盖子即可。

（11）用 1.5mm 长的小钢钉直接把线槽钉在墙上固定。

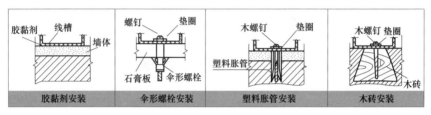

图 3-33　PVC 线槽固定方法

木砖固定线槽的方法如下：

（1）利用配合土建结构施工的预埋木砖。

（2）加砌砖墙或砖墙剔洞后再埋木砖。

（3）梯形木砖较大的一面应朝洞里，外表面与建筑物的表面平齐。

（4）用水泥砂浆抹平，等凝固后，再把线槽底板用木螺钉固定在木砖上。

塑料胀管固定线槽的方法如下：

（1）混凝土墙、砖墙、瓷砖墙可以采用塑料胀管固定塑料线槽。

（2）根据胀管直径、长度选择钻头。

（3）在标出的固定点位置上钻孔，不应歪斜、豁口，应垂直钻好孔后，将孔内残存的杂物清净。

（4）用木锤把塑料胀管垂直敲入孔中，并与建筑物表面平齐为准。

（5）用石膏将缝隙填实抹平。

（6）用半圆头木螺钉加垫圈将线槽底板固定在塑料胀管上，紧贴房屋墙壁表面。

（7）一般需要先固定两端，再固定中间。

（8）固定时，要找正线槽底板，横平竖直，并沿房屋表面进行敷设。

塑料胀管的实物及规格如图 3-34 所示。

固定线槽常用的木螺钉规格尺寸见表 3-6。

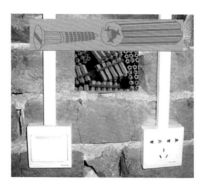

公称外径	d_1	d_2	L_1	L_2	螺钉直径	允许拉力(×10kN)	允许剪力(×10kN)
f6	6	3.6	30	24	4	11	7
f8	8	5	42	33	5	15	10
f9	9	6	48	39	6	18	12
f10	10	6	58	49	6	20	14
f12	12	8	70	54	8		

螺栓规格	螺 栓			胀 管				钻孔		C15号混凝土墙	
	D_1	D	L_1	L_2	D_2	T	L_3	L_4	深度	直径	允许拉力(kN)	允许剪力(kN)
M6	6	10	15	10	10	1.5	35	20		10.5	240	160
M8	8	12	20	15	12	1.5	45	30		12.5	440	300
M10	10	14	25	20	14	1.5	55	35		14.5	700	470
M12	12	18	30	25	18	2.0	65	40		19	1030	690
M16	16	22	40	40	22	2.0	90	55		23	1940	1300

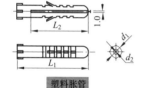

塑料胀管

螺栓

胀管

注：1. 采用与塑料胀管外径相同的钻头钻孔。钻孔深度为L_1+5；
   2. 采用与胀管外径相同的钻头钻孔，钻孔的直径与胀管外径的差值不大于1mm，钻孔深度由施工现场决定；
   3. 在砖墙上固定时，表中允许拉力及允许剪力值相应降低50%；
   4. 塑料胀管用6尼龙或66尼龙注塑制成。

图 3-34 塑料胀管的实物及规格

表 3-6　　　　　　　　　固定线槽常用的木螺钉规格尺寸　　　　　　　　　单位：mm

标号	公称直径 d_n	螺杆直径 d	螺杆长度 h
7	4	3.81	12~70
8	4	4.7	12~70
9	4.5	4.52	16~85
10	5	4.88	18~100
12	5	5.59	18~100
14	6	6.30	250~100
16	6	7.01	25~100
18	6	7.72	40~100
20	8	8.44	40~100
24	10	9.86	70~120

　　塑料线槽明敷时，槽底固定点间距应根据线槽规格而定，一般不应大于表3-7所列数值。

　　PVC线槽的固定如图3-35所示。

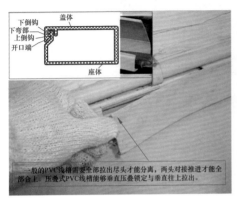

表3-7　塑料线槽明敷时固定点最大间距

固定点形式	线槽宽度（mm）		
	20~40	60	80~120
	固定点最大间距L（m）		
	0.8	—	—
	—	1.0	—
	—	—	0.8

图3-35　PVC线槽的固定

　　硬质塑料管明敷时，其固定点间距不应大于表3-8所列数值。

表3-8　塑料管明敷时固定点最大间距

公称直径（mm）	20及以下	25~40	50及以上
最大间距（m）	1.00	1.50	2.00

▶ 3.15 ░ PVC线槽平转角敷设（无附件）

　　PVC线槽平转角敷设（无附件）时，需要对PVC线槽、线盖做成型处理。

　　直弯成型的示意图如图3-36所示。首先在需要转弯处（顶点）画出垂直线，然后在折为内角的垂直线的两边画出与垂直线等距离的线段，接着连接线段的端点与转弯处（顶点）的线段，再沿着直线剪掉，最后折成90°即可。画线不得太粗，否则折成90°后不完美。

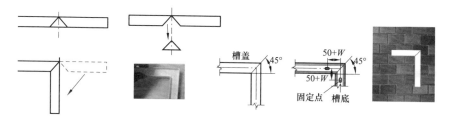

图 3-36 PVC 线槽平转角敷设的处理

3.16 PVC 线槽内转角敷设（无附件）

PVC 线槽内转角敷设（无附件）时，需要对 PVC 线槽、线盖做成型处理。PVC 线槽成型处理时，首先在需要转角处画好垂直线，然后剪掉槽两边 90° 的小块，再把 PVC 线槽折成 90° 即可，如图 3-37 所示。

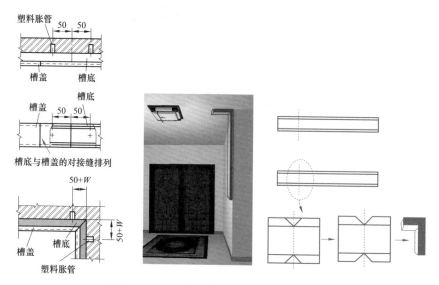

图 3-37 PVC 线槽内转角敷设（无附件）的处理

3.17 PVC 线槽分支敷设（无附件）

PVC 线槽分支敷设（无附件）的处理如图 3-38 所示。

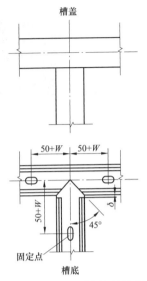

δ=2~3mm为预留线槽盖侧边插入间隙；
W为线槽宽度

图 3-38 PVC 线槽分支敷设（无附件）的处理

3.18 PVC 线槽外转角敷设（无附件）

PVC 线槽外转角敷设（无附件）的处理如图 3-39 所示。

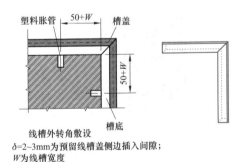

δ=2~3mm为预留线槽盖侧边插入间隙；
W为线槽宽度

图 3-39 PVC 线槽外转角敷设（无附件）的处理

3.19 PVC 线槽十字交叉敷设（无附件）

PVC 线槽十字交叉敷设（无附件）的处理如图 3-40 所示。

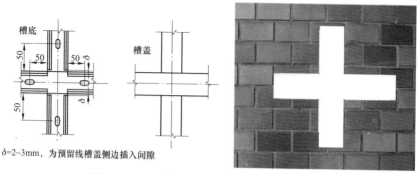

δ=2~3mm，为预留线槽盖侧边插入间隙

图 3-40　PVC 线槽十字交叉敷设（无附件）的处理

▶ 3.20 ▓ PVC 线槽槽底固定敷设（无附件）

PCV 线槽槽底固定敷设（无附件）的处理如图 3-41 所示。

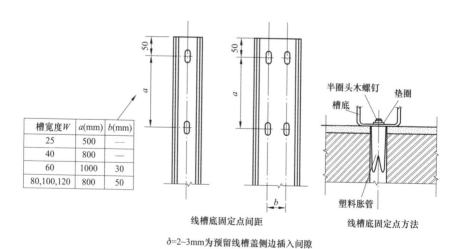

槽宽度 W	a(mm)	b(mm)
25	500	—
40	800	—
60	1000	30
80,100,120	800	50

线槽底固定点间距

半圈头木螺钉　垫圈
槽底

塑料胀管

线槽底固定点方法

δ=2~3mm为预留线槽盖侧边插入间隙

图 3-41　PVC 线槽槽底固定敷设（无附件）的处理

▶ 3.21 ▓ PVC 线槽沿墙壁敷设（有附件）

PVC 线槽沿墙壁敷设（有附件）的处理见表 3-9。

表3-9　PVC线槽沿墙壁敷设（有附件）的处理

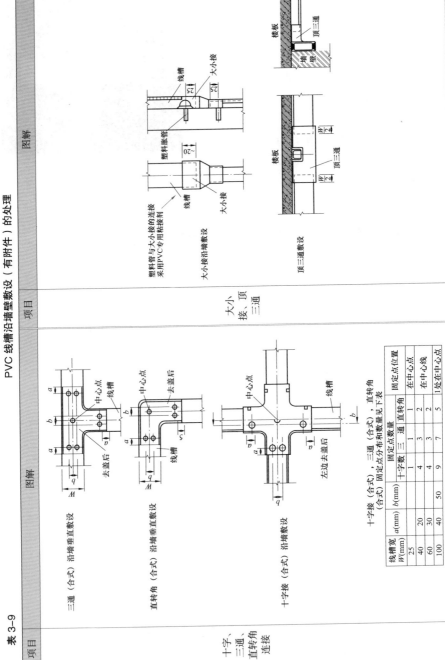

项目	图解	项目	图解
十字、三通、直转角连接		大小接、顶三通	

续表

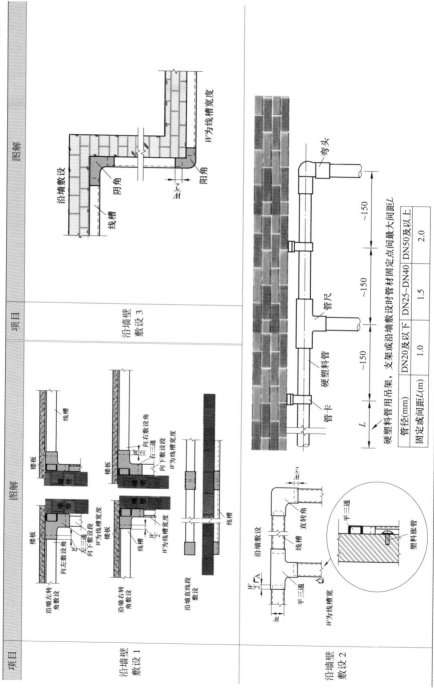

硬塑料管用吊架、支架或沿墙敷设时管材固定点间最大间距 L			
管径(mm)	DN20及以下	DN25~DN40	DN50及以上
固定或支撑间距 L(m)	1.0	1.5	2.0

3.22 塑料线槽接线箱的安装

塑料线槽接线箱的安装方式如图 3-42 所示。

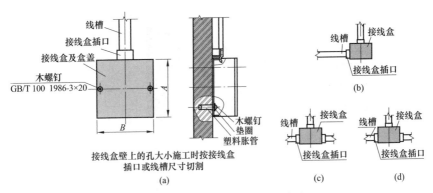

图 3-42 塑料线槽接线箱的安装方式

(a) 方式一; (b) 方式二; (c) 方式三; (d) 方式四

塑料线槽接线箱安装的施工要点如图 3-43 所示。

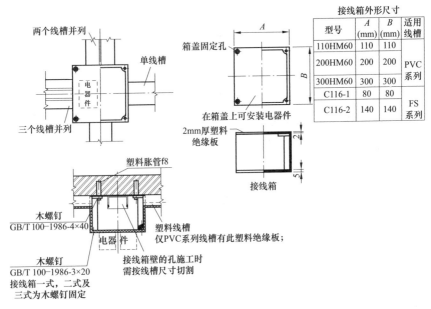

图 3-43 塑料线槽接线箱安装的施工要点

▶ 3.23 ▧ 家装明装电路的弹线定位

家装明装电路的弹线定位见表 3-10。

表 3-10　　　　　　　　　　家装明装电路的弹线定位

项目	图例	说明
弹线定位的要求与规范	穿楼板的电线管需要采用套管保护，并且套管尺寸要大于所采用的电线管	（1）线槽配线在穿过楼板或墙壁时，需要应用保护管。 （2）穿楼板处必须用钢管保护，其保护高度距地面不应低于 1.8m。 （3）装设开关的地方，保护管可引到开关的位置。 （4）过变形缝时应做补偿处理。 （5）硬质塑料管暗敷或埋地敷设时，引出地（楼）面不低于 0.50m 的一段管路应采取防止机械损伤的措施
弹线定位的方法		（1）根据相关图确定进户线、箱等电气器具固定点的位置。 （2）从始端到终端，先干线后支线找好水平或垂直线。 （3）用粉线袋在线路中心弹线，并且分均档，以及用笔画出加档位置。 （4）分均档确定固定点的位置，固定点的位置处采用电锤钻孔，然后在孔里埋入塑料胀管或伞形螺栓，供固定线槽使用。 （5）弹线时不得弄脏房屋的墙壁表面。因为明装弹线是在已经粉刷、装饰好的墙壁、地面进行的，因此明装弹线不得多余、随意，也可以隔一段距离弹一小段线

▶ 3.24 ▧ 家装明装电路线槽连接与走线

线槽及附件连接处，需要严密平整、无缝隙、紧贴建筑物，固定点最大间距符合有关的规定（见表 3-11 和图 3-44）。

表 3-11　　　　　　　　　　槽体固定点最大间距尺寸

固定点形式	槽板宽度（mm）		
	20~40	60	80~120
	固定点最大间距（mm）		
中心单列	800	—	—
双列	—	1000	—
双列	—	—	800

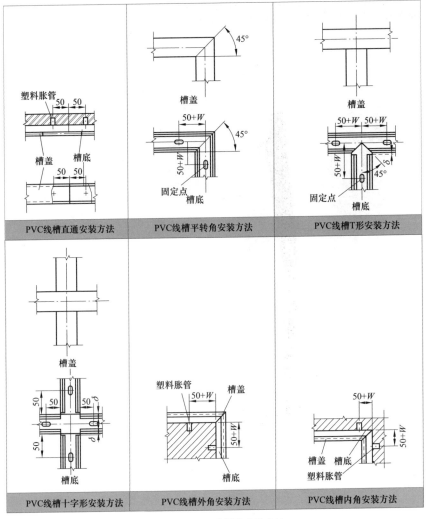

图 3-44　PVC 线槽的安装方法

槽底和槽盖直线段对接（图 3-45）的要求与方法：

（1）槽底固定点的间距应不小于 500mm。

（2）盖板应不小于 300mm。

（3）底板离终点 50mm 及盖板距离终端点 30mm 处均需要固定。

（4）三线槽的槽底应用双钉固定。

（5）槽底对接缝与槽盖对接缝应错开并不小于 100mm。

图 3-45 槽底与槽盖直线段对接示意图

线槽配件（图 3-46）的要求与方法如下：

（1）线槽分支接头、线槽附件（如直通、三通转角、接头、插口）、盒、箱应采用相同材质的定型产品。

（2）槽底、槽盖与各种附件相对接时，接缝处应严实平整、固定牢固。

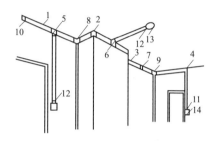

图 3-46 线槽配件

1—塑料线槽；2—阳角；3—阴角；4—平转角；5—平三通；6—顶三通；7—连接头；8—右三通；9—左三通；10—终端头；11—接线盒插口；12—灯头盒插口；13—灯头盒；14—接线盒

线槽附件安装（图 3-47）的要求与方法：

（1）塑料线槽布线，在线路连接、转角、分支及终端处应采用相应附件。

（2）盒子均应两点固定，各种附件角、转角、三通等固定点不应少于两点。

（3）接线盒、灯头盒应采用相应插口连接。

（4）线槽的终端应采用终端头封堵。

（5）在线路分支接头处应采用相应接线箱。

（6）安装铝合金装饰板时，应牢固平整严实。

槽内放线的要求与方法：

（1）放线时，先用布清除槽内的污物，使线槽内外清洁。

（2）先将导线放开伸直，捋顺后盘成大圈，置于放线架上，从始端到终端，边放边整理，导线顺直，不得有挤压、背扣、扭结、受损等现象。

（3）绑扎导线可以采用尼龙绑扎带，不得采用金属丝绑扎。

（4）在接线盒处的导线预留长度不应超过 150mm。

（5）线槽内不允许出现接头，导线接头应放在接线盒内。

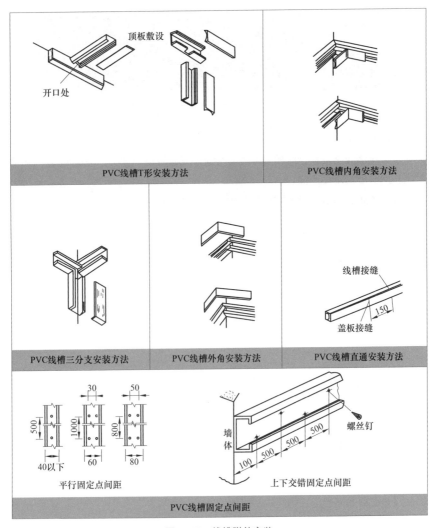

图 3-47　线槽附件安装

（6）从室外引进室内的导线在进入墙内一段用橡胶绝缘导线，严禁使用塑料绝缘导线，并且穿墙保护管的外侧应有防水措施。

（7）导线连接处的接触电阻值要最小，机械强度不得降低，并且要恢复其原有的绝缘强度。

（8）连接时，注意正确区分相线、中性线、保护地线。

（9）强电、弱电线路不应同敷于同一根线槽内。

PVC 线槽安装示意图如图 3-48 所示。

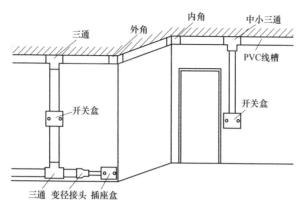

图 3-48 PVC 线槽安装示意图

注意事项：

（1）护套绝缘电线明敷，需要采用线卡沿墙壁、顶棚、房屋表面直接敷设，固定点间距不应大于 0.30m。

（2）不得将护套绝缘电线直接埋入墙壁、顶棚的抹灰层内。

（3）护套绝缘电线与接地导体、不发热的管道紧贴交叉时，应加绝缘管保护。

（4）金属管布线的管路较长或有弯时，需要适当加装拉线盒，两个拉线点间距离应符合以下要求：

1）对于无弯的管路，不超过 30m。

2）两个拉线点间有一个弯时，不超过 20m。

3）两个拉线点间有两个弯时，不超过 15m。

4）两个拉线点间有三个弯时，不超过 8m。

5）当加装拉线盒有困难时，也可适当加大管径。

▶ 3.25 明装线槽安装的要求与检查

一般项目的要求与检查：

（1）槽板敷设要符合槽板紧贴建筑物表面、布置合理、固定可靠、横平竖直的要求。直线段的盖板接口需要与底槽接口错开，间距不小于 100mm。盖板无扭曲、无翘角变形等异常现象。接口需要严密整齐，槽板表面色泽均匀、无污染。以上可以采用观察法检查。

（2）槽板线路的保护需要符合线路穿过梁、柱、墙和楼板有保护管，跨越建筑物变形缝处槽板断开的要求。以上可以采用观察法检查。

（3）采用恰当的检验方法检查槽板配线允许偏差（表 3–12）。

表 3–12　　　　　　　　　　　槽板配线允许偏差

项目		允许偏差（mm）	检验方法
水平或垂直敷设的直线段	平直程度	5	拉线、尺量检查
	垂直度	5	拉线、尺量检查

特殊工序或关键控制点的控制见表 3–13。

表 3–13　　　　　　　　　特殊工序或关键控制点的控制

特殊工序 / 关键控制点	主要控制方法
支吊架与管弯预制	尺量检查及检查安装记录
管路、盒安装	尺量检查
线槽安装	尺量检查

需要注意的常见问题如下：

（1）线槽盖板接口不严，缝隙过大，并且有错台。操作时，需要仔细地将盖板接口对好，避免有错台。

（2）线槽底板松动、有翘边等异常现象，胀管或木砖固定不牢，螺钉未拧紧等。

成品保护包括以下几项内容：

（1）安装塑料线槽时，需要注意保持墙面整洁。

（2）配线完成后，盒盖、槽盖需要全部严实平整。

（3）塑料线槽配线完成后，不得再次喷浆、刷油，以防止导线、电气器具被污染。

▶ 3.26 PVC 电线管明装敷设管卡安装

PVC 电线管明装敷设管卡安装的一些要求与特点如图 3–49 所示。

PCV 电线管明装敷设管卡固定示意图如图 3–50 所示。

▶ 3.27 明装导线的固定

明装导线的固定可以采用线卡固定，如图 3–51 所示。

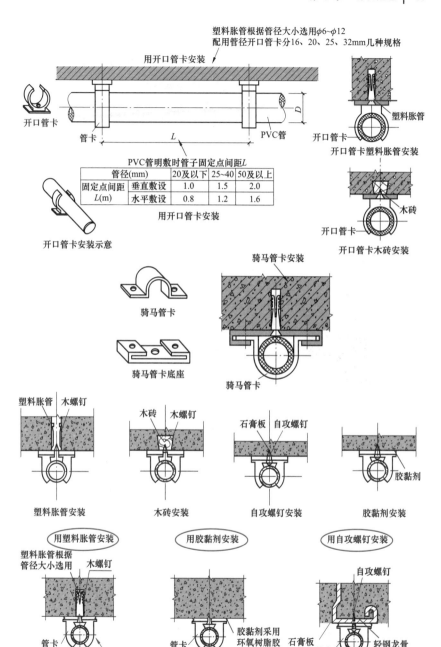

PVC管明敷时管子固定点间距 L			
管径(mm)	20及以下	25~40	50及以上
固定点间距 L(m) 垂直敷设	1.0	1.5	2.0
水平敷设	0.8	1.2	1.6

图 3-49 PVC 电线管明装敷设管卡安装的要求与特点

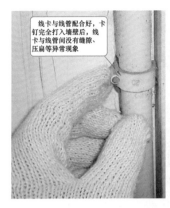

线卡与线管配合好，卡钉完全打入墙壁后，线卡与线管间没有缝隙、压扁等异常现象

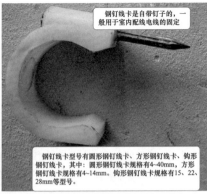

钢钉线卡是自带钉子的，一般用于室内配线电线的固定

钢钉线卡型号有圆形钢钉线卡、方形钢钉线卡、钩形钢钉线卡，其中：圆形钢钉线卡规格有4~40mm，方形钢钉线卡规格有4~14mm。钩形钢钉线卡规格有15、22、28mm等型号。

图 3-50　PVC 电线管明装敷设管卡固定示意图

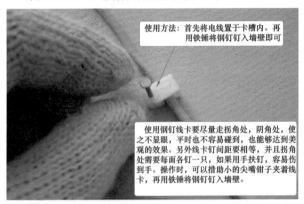

使用方法：首先将电线置于卡槽内。再用铁锤将钢钉钉入墙壁即可

使用钢钉线卡要尽量走拐角处，阴角处，使之不显眼，平时也不容易碰到，也能够达到美观的效果。另外线卡钉间距要相等，并且拐角处需要每面各钉一只，如果用手扶钉，容易伤到手。操作时，可以措助小的尖嘴钳子夹着线卡，再用铁锤将钢钉钉入墙壁。

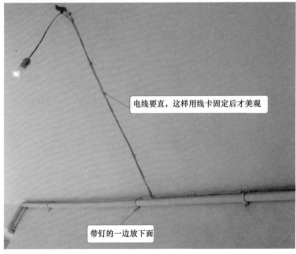

电线要直，这样用线卡固定后才美观

带钉的一边放下面

图 3-51　线卡固定

▶ 3.28 ▒ PVC 电线管明装 90° 弯头与 T 形弯头的安装

PVC 电线管明装 90° 弯头与 T 形弯头安装的一些要求与特点如图 3-52 所示。

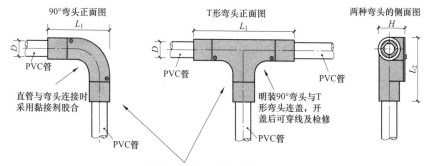

90°弯头与 T 型弯头规格尺寸表

配用管径	D(mm)	L_1(mm)		L_2(mm)	H(mm)	配用管径	D(mm)	L_1(mm)		L_2(mm)	H(mm)
		90°弯头	T型弯头					90°弯头	T型弯头		
16	16	55	90	55	27.5	40	40	94	143	94	50
20	20	57	90	57	28	50	50	120	196	120	62.5
25	25	67	104	67	35	63	63	162	254	162	79
32	32	82	127	82	41						

图 3-52　PVC 电线管明装 90° 弯头与 T 形弯头安装的要求与特点

▶ 3.29 ▒ 圆形接线盒的规格

圆形接线盒的规格如图 3-53 所示。

H：分子为普通圆形接线盒的盒高，分母为高深圆形接线盒的盒高。

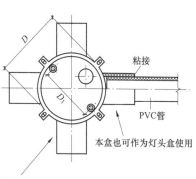

圆形接线盒规格尺寸

名称	外形	配用管径	D(mm)	D_1(mm)	盒高 H(mm)
单通		16 20 25	66	51	$\frac{32}{64}$
双通(一)		16 20 25	66	51	$\frac{32}{64}$
双通(二)		16 20 25	66	51	$\frac{32}{64}$
三通		16 20 25	66	51	$\frac{32}{64}$
四通		16 20 25	66	51	$\frac{32}{64}$

当盒高不够时，可配用圆环增加盒高，以适应不同混凝土浇注层高度，配套圆环的高度有 12、25、15、30mm

图 3-53　圆形接线盒的规格

3.30 硬塑料管与盒、箱的连接

硬塑料管与盒、箱的连接方法与要点如图 3-54 所示。

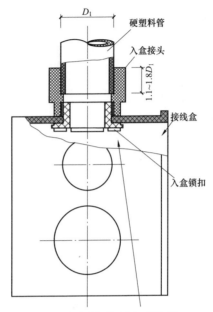

先将入盒接头和入盒锁扣紧固在盒（箱）壁。以及把管子插入段擦干净。然后在插入段外壁周围涂抹专用PVC胶水。再用力将管子插入接头，插入后不得随意转动，待1min后即完成

(a)

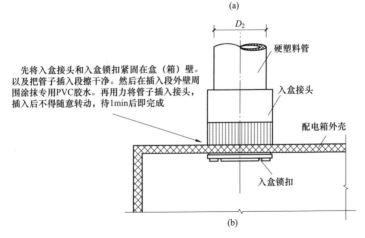

先将入盒接头和入盒锁扣紧固在盒（箱）壁。以及把管子插入段擦干净。然后在插入段外壁周围涂抹专用PVC胶水。再用力将管子插入接头，插入后不得随意转动，待1min后即完成

(b)

图 3-54　硬塑料管与盒、箱的连接方法与要点
(a) 管与盒的连接；　(b) 管与箱的连接

▶ 3.31 软、硬塑料直管的连接

软、硬塑料直管的连接方法与要点如图 3-55 所示。

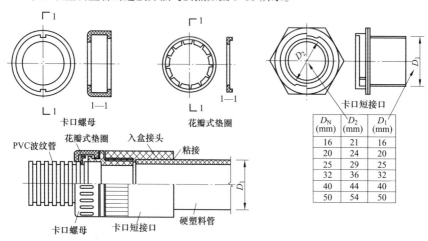

D_N (mm)	D_2 (mm)	D_1 (mm)
16	21	16
20	24	20
25	29	25
32	36	32
40	44	40
50	54	50

图 3-55 软、硬塑料直管的连接方法与要点

▶ 3.32 硬塑料管中间应加接线盒的情形

硬塑料管中间应加接线盒的情形如图 3-56 所示。

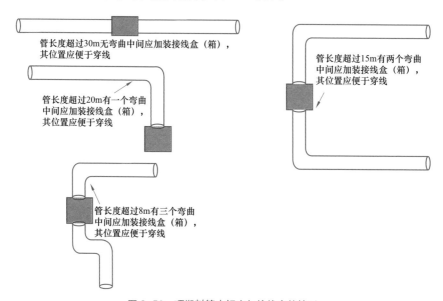

图 3-56 硬塑料管中间应加接线盒的情形

3.33 硬塑料管过伸缩沉降缝的安装

硬塑料管过伸缩沉降缝的安装方法与要点如图 3-57 所示。

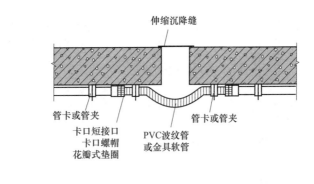

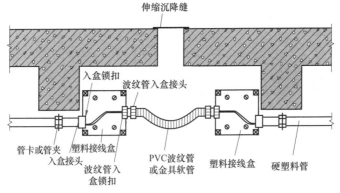

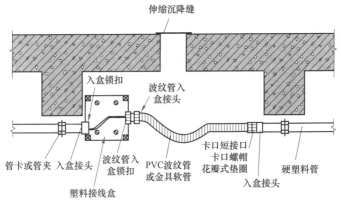

图 3-57　硬塑料管过伸缩沉降缝的安装方法与要点

3.34 家装明装电路线管安装要求

圆形配线管的规格见表 3–14。

表 3–14　　　　　　　　　　　　圆形配线管的规格

材质	白色	灰色	黑色	外径	内径	长度
PVC 环保材质	SDO–16W	SDO–16G	SDO–16B	16	14	2 米 / 支
	SDO–20W	SDO–20G	SDO–16B	20	17	
	SDO–25W	SDO–25G	SDO–16B	25	22	
	SDO–32W	SDO–32G	SDO–16B	32	29	
低烟无卤环保耐高温材质	SDO–16W/HF	SDO–16G/HF	SDO–16B/HF	16	14	
	SDO–20W/HF	SDO–20G/HF	SDO–20B/HF	20	17	
	SDO–25W/HF	SDO–25G/HF	SDO–25B/HF	25	22	
	SDO–32W/HF	SDO–32G/HF	SDO–32B/HF	32	29	

家装明装电路线管安装示意图如图 3–58 所示。

图 3–58　家装明装电路线管安装示意图

硬质阻燃塑料管（PVC）明敷安装方法如下：

（1）电线管路与热水管、蒸汽管同侧敷设时，应敷设在热水管蒸汽管的下面。有困难时，可敷设在其上面。

（2）电线管路与热水管、蒸汽管相互间的净距不宜小于下列数值：

1）当管路敷设在热水管下面时为 0.20m，上面时为 0.30m。

2）当管路敷设在蒸汽管下面时为 0.50m，上面时为 1m。

（3）当不能符合上列要求时，应采取隔热措施。

（4）电线管路与其他管道的平行净距不应小于 0.10m。当与水管同侧敷设时，宜敷设在水管的上面。

开关盒连接及 PVC 管明配示意图如图 3-59 所示。

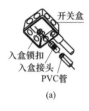
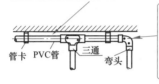

明配PVC管应排列整齐，固定点间距应均均。明配PVC管穿过楼板易受机械损伤的地方时，应采用钢管保护，其保护高度距楼板表面的距离不应小于500mm

管卡固定点距离表			
管径 (mm)	垂直 固定(m)	水平 固定(m)	距盒边 及接头处(m)
20以下	1.0	0.8	0.2
25~40	1.5	1.2	0.3
50以上	2.0	1.5	0.3

开关盒

入盒锁扣
入盒接头
PVC管

(a)

管卡　PVC管　三通　弯头

(b)

图 3-59　开关盒连接和 PVC 管明配示意图
(a) 开关连接；　(b) PVC 管明配

3.35　地板配线槽

RD 圆形地板配线槽一般由槽底、槽盖等组成，有的槽底配附双面胶，如图 3-60 所示。

RD 圆形地板配线槽使用方法如下：先将地板擦拭干净，再将底槽双面胶撕开，然后粘贴固定于地板上。随后装入电线，盖上槽盖即可。

RD 圆形地板配线槽长度一般为 1m。定制的长度、颜色是实际要求的长度、颜色。

地板线槽一般以槽盖、槽底组合后的宽、高为准。

RD 圆形地板配线槽规格见表 3-15。

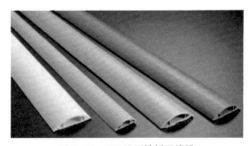

图 3-60　RD 圆形地板配线槽

表 3-15　　　　　　　　　　　　RD 圆形地板配线槽规格　　　　　　　　单位：mm

型号				外宽 W_1	内宽 W_2	高度 H	内高 H_1
灰色	米黄色	白色	黑色				
RD-20	RD-20Y	RD-20W	RD-20B	20	8	6	4
RD-30	RD-30Y	RD-30W	RD-30B	30	11	8	6.5
RD-40	RD-40Y	RD-40W	RD-40B	40	12	11	8
RD-50	RD-50Y	RD-50W	RD-50B	50	20	12.5	8.8
RD-70	RD-70Y	RD-70W	RD-70B	70	20	16.5	12.7
RD-80	RD-80Y	RD-80W	RD-80B	80	20	16.5	12.7
RD-90	RD-90Y	RD-90W	RD-90B	90	25	19	15
RD-120	RD-120Y	RD-120W	RD-120B	120	30	25	21

电话线槽和弧形地面线槽规格如图 3-61 所示。

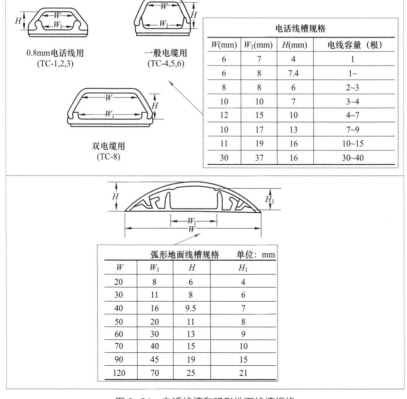

图 3-61　电话线槽和弧形地面线槽规格

3.36 塑料波纹管的连接

塑料波纹管和接头的规格及要求如图 3-62 所示。

塑料波纹管规格　单位：mm

内径(A)	内径(B)
13.8	17.8
17.2	22
21.2	26
28.7	34
36	42
40	48
52	60
80	89

塑料波纹管接头规格　　　　单位：mm

外径(C_1)	螺纹长度(C_2)	机板口径	适用管径
16.6	10	17	10
20.7	10	21	10
20.7	10	21	13
26.3	12	27	13
26.3	12	27	19
33	13	33.5	25
41.7	15	42.5	32

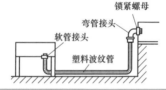

塑料波纹管由阻燃材料制成，可用于吊顶内灯具配管，也适用于室外灯具与接线盒之间的配管等。敷设半硬塑料管或波纹管宜减少弯曲，当直线段长度超过15m或直角弯超过三个小时，应增设接线盒

图 3-62　塑料波纹管和接头的规格及要求

3.37 金属软管的连接

金属软管的连接如图 3-63 所示。

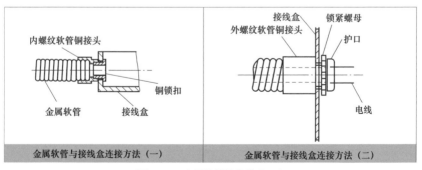

金属软管与接线盒连接方法（一）	金属软管与接线盒连接方法（二）

图 3-63　金属软管的连接（一）

图 3-63 金属软管的连接（二）

3.38 电动机的配线

电动机的配线如图 3-64 所示。

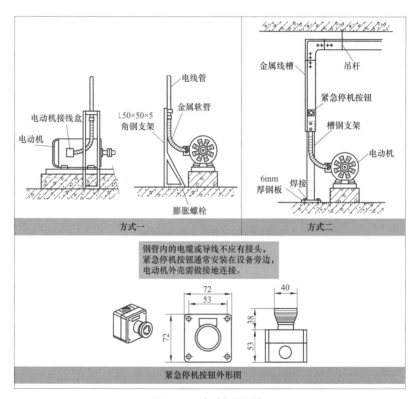

图 3-64 电动机的配线

3.39 水箱等设备的配线

水箱等设备的配线如图 3-65 所示。

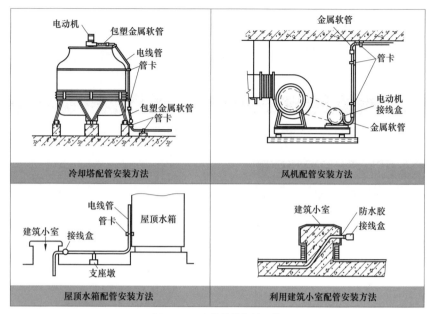

图 3-65　水箱等设备的配线

▶ 3.40 ⦚ 明装暖气

明装系统连接形式——双管并联示意图如图 3-66 所示。

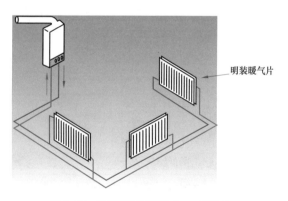

图 3-66　明装系统连接形式——双管并联

第 4 章

强电明装

4.1 绝缘电线横截面积

绝缘电线横截面积见表4-1。

表 4-1　　　　　　　　　　　绝缘电线横截面积

电线名称	型号	绝缘电线线芯标称横截面积（mm²）																	
		2×0.3	2×0.4	2×0.5	2×0.75	2×1.0	1.0	1.5	2.5	4	6	10	16	25	35	50	70	95	120	150
		横截面积（mm²）																	
聚氯乙烯绝缘电线	BV	–	–	–	–	–	5.3	8.6	11	14	18.1	34	48	72	93.3	137	170	235	257	320
	BLV	–	–	–	–	–			11	14	18.1	34	48	72	93.3	137	170	235	257	320
橡皮绝缘电线	BX	–	–	–	–	–	16	18	21	26	31	52	69	99	121	170	211	229	320	391
	BLX	–	–	–	–	–			21	26	31	52	69	99	121	170	211	229	320	391
氯丁橡皮绝缘电线	BXF	–	–	–	–	–	9.6	11	13	17	25	38	59	80	109	145	193	246	–	–
	BLXF	–	–	–	–	–			13	17	25	38	59	80	109	145	193	246	–	–
聚氯乙烯绝缘平型软电线	RVB	14.5	16.6	26.4	30	34														
聚氯乙烯绝缘绞型软电线	RVS	14.5	16.6	26.4	30	34														

4.2 BL 与 BLV 电线穿 PVC 电线管敷设的载流量

BL 与 BLV 电线穿 PVC 电线管敷设的载流量见表4-2和表4-3。

表 4-2　　　　BL 与 BLV 电线穿 PVC 电线管敷设的载流量（A）1　　　$T=+65℃$

截面 (mm²)	二根单芯				管径 (mm)	三根单芯				管径 (mm)	四根单芯				管径 (mm)
	25℃	30℃	35℃	40℃		25℃	30℃	35℃	40℃		25℃	30℃	35℃	40℃	
1.0	12	11	10	9	16	11	10	9	8	16	10	9	8	7	16
1.5	16/13	14/12	13/11	12/10	16	15/11.5	14/10.5	12/9.5	11/9	20	13/10	12/9	11/8	10/7	20
2.5	24/18	22/16	20/15	18/14	16	21/16	19/14	18/13	16/12	20	19/14	17/13	16/12	15/11	20
4	31/24	28/22	26/20	24/18	16	28/22	26/20	24/19	22/17	20	25/19	23/17	21/16	18/15	25
6	41/31	38/28	35/26	32/24	20	36/27	34/25	31/23	28/21	20	32/25	29/23	27/21	25/19	25
10	56/42	52/39	48/35	44/33	25	49/38	45/35	42/32	38/30	25	44/33	41/30	38/28	34/26	32
16	72/65	67/51	62/47	56/43	25	65/49	60/45	56/42	51/38	32	57/44	53/41	49/38	45/34	32
25	95/73	88/68	82/63	75/57	32	85/65	79/60	73/56	67/51	40	75/57	70/53	64/49	59/45	40
35	120/90	112/84	103/77	94/71	40	105/80	98/74	90/69	83/63	40	93/70	86/65	80/60	73/55	50
50	150/114	140/105	129/98	118/90	40	132/102	123/95	114/88	104/80	50	117/90	109/84	101/77	92/71	50

续表

截面(mm)	二根单芯				管径(mm)	三根单芯				管径(mm)	四根单芯				管径(mm)
	25℃	30℃	35℃	40℃		25℃	30℃	35℃	40℃		25℃	30℃	35℃	40℃	
70	185/145	172/135	160/125	146/114	40	167/130	156/121	144/112	144/112	50	148/115	138/107	128/99	117/90	63
95	230/175	215/163	198/151	181/138	50	205/158	191/147	177/136	162/124	63	185/140	172/130	160/121	146/110	63
120	270/200	252/187	233/173	213/158	63	240/180	224/168	207/155	189/142	63	215/160	201/149	185/138	172/126	80

注 1. 表中管径系指管材外径。
　　 2. 表中导线载流量栏分子为 BV 型导线，分母为 BLV 型导线。

表 4-3　　　BL 与 BLV 电线穿 PVC 电线管敷设的载流量（A）2　　　$T=+65℃$

截面(mm²)	二极单芯				管径(mm)	三极单芯				管径(mm)	四极单芯				管径(mm)
	25℃	30℃	35℃	40℃		25℃	30℃	35℃	40℃		25℃	30℃	35℃	40℃	
1.0	13/	12/	11/	10/	16	12/	11/	10/	9/	20	11/	30/	9/	8/	20
1.5	17/14	15/13	14/12	13/11	16	16/12	14/11	13/10	12/9	20	14/11	13/10	12/9	11/8	20
2.5	25/19	23/17	21/16	19/15	16	22/17	20/15	19/14	17/15	20	20/15	18/14	17/12	15/11	20
4	33/25	30/23	28/21	26/19	16	30/23	28/21	25/19	23/18	20	26/20	24/18	22/17	20/15	25
6	43/33	40/30	37/28	34/26	20	38/29	35/27	32/25	30/22	20	34/26	31/24	29/22	26/20	25
10	59/44	55/41	51/38	46/34	25	52/40	48/37	44/34	41/31	25	46/35	43/32	39/30	36/27	32
16	76/58	71/54	65/50	60/45	25	68/52	63/48	58/44	53/41	32	60/46	56/43	51/39	47/36	32
25	100/77	93/71	86/66	79/60	32	90/68	84/63	77/58	71/53	40	80/60	74/56	69/51	63/47	40
35	125/95	116/88	108/82	98/75	40	110/84	102/78	95/72	87/66	40	98/74	91/69	84/64	77/58	50
50	160/120	149/112	138/103	126/94	40	140/108	130/100	121/93	110/85	50	123/95	115/88	106/82	97/75	50
70	195/153	182/143	168/132	154/121	40	175/135	163/126	151/116	138/106	50	155/120	144/112	134/103	122/94	50
95	240/184	224/172	207/159	189/145	50	215/165	201/165	185/142	170/130	63	195/150	182/140	168/129	154/118	63
120	278/210	259/196	240/181	219/166	50	250/190	233/177	216/164	197/150	63	227/170	212/158	196/147	179/134	80

注 1. 表中管径系指管材外经。
　　 2. 表中导线载流量栏：分子为 BX 型导线，分母为 BLX 型导线。

4.3 电线塑料管敷设的载流量

　　橡皮绝缘电线和聚氯乙烯绝缘电线穿塑料管敷设的载流量见表4-4和表4-5。

表 4-4

橡皮绝缘电线穿塑料管敷设的载流量（A）

$B_n=65℃$

导线截面(mm²)	BLX-500、BL、FX-500															BX-500、BXF-500															
	两根单芯				管径	三根单芯				管径	四根单芯				管径	两根单芯				管径	三根单芯				管径	四根单芯				管径
	25℃	30℃	35℃	40℃	(mm)	25℃	30℃	35℃	40℃	(mm)	25℃	30℃	35℃	40℃	(mm)	25℃	30℃	35℃	40℃	(mm)	25℃	30℃	35℃	40℃	(mm)	25℃	30℃	35℃	40℃	(mm)
1.0																13	12	11	10	16	12	11	10	9	16	11	10	9	8	20
1.5																17	15	14	13	16	16	14	13	12	16	14	13	12	11	20
2.5	19	17	16	15	20	17	15	14	13	20	15	14	12	11	20	25	23	21	19	20	22	20	19	17	20	20	18	17	15	20
4	25	23	21	19	20	23	21	19	18	20	20	18	17	15	25	33	30	28	26	20	30	28	25	23	20	26	24	22	20	25
6	33	30	28	26	20	29	27	25	22	20	26	24	22	20	25	43	40	37	34	20	38	35	32	30	20	34	31	29	26	25
10	44	41	38	34	25	40	37	34	31	25	35	32	30	27	32	59	55	51	46	25	52	48	44	41	32	46	43	39	36	32
16	58	54	50	45	32	52	48	44	41	32	46	43	39	36	40	76	71	65	60	32	68	63	58	53	32	60	56	51	47	40
25	77	71	66	60	40	68	63	58	53	40	60	56	51	47	40	100	93	86	79	40	90	84	77	71	40	80	74	69	63	40
35	95	88	82	75	40	84	78	72	66	40	74	69	64	58	50	125	116	108	98	40	110	102	95	87	40	98	91	84	77	50
50	120	112	103	94	50	108	100	93	85	50	95	88	82	75	63	160	149	138	126	50	140	130	121	110	50	123	115	106	97	63
70	153	143	132	121	50	135	126	116	106	50	120	112	103	94	63	195	182	168	154	50	175	163	151	138	50	155	144	134	122	63
95	184	172	159	145	63	165	154	142	130	63						240	224	207	189	63	215	201	185	170	63					
120	210	196	181	166	63	190	177	164	150	63						278	259	240	219	63	250	233	216	197	63					

注 表中管径适用于：直管≤30m，一个弯≤20m，两个弯≤15m，超长应设拉线盒或敷设增大一级管径。

表 4-5　聚氯乙烯绝缘电线穿塑料管敷设的载流量（A）

$B_n=70℃$

导线截面 (mm²)	BLV-500 两根单芯 25℃	30℃	35℃	40℃	管径 (mm)	三根单芯 25℃	30℃	35℃	40℃	管径 (mm)	四根单芯 25℃	30℃	35℃	40℃	管径 (mm)	BV-500 两根单芯 25℃	30℃	35℃	40℃	管径 (mm)	三根单芯 25℃	30℃	35℃	40℃	管径 (mm)	四根单芯 25℃	30℃	35℃	40℃	管径 (mm)
1.0																13	12	11	10	16	12	11	10	10	16	11	10	9	9	16
1.5																17	16	15	14	16	16	15	14	13	16	14	13	12	11	16
2.5	19	18	17	16	16	17	16	15	14	16	15	14	13	12	20	25	24	23	21	16	22	21	20	18	16	20	19	18	17	20
4	25	24	23	21	16	23	22	21	19	16	20	19	18	17	20	33	31	29	27	16	30	28	26	24	20	27	25	24	22	20
6	33	31	29	27	20	29	27	25	23	20	27	25	24	22	25	43	41	39	36	20	38	36	34	31	20	34	32	30	28	25
10	45	42	39	37	25	40	38	36	33	25	35	33	31	29	32	59	56	53	49	25	52	49	46	43	25	47	44	41	38	32
16	58	55	52	48	25	52	49	46	43	25	47	44	41	38	32	76	72	68	63	25	69	65	61	57	32	60	57	54	50	32
25	77	73	69	64	32	69	65	61	57	32	60	57	54	50	40	101	95	89	83	32	90	85	80	74	40	80	75	71	65	40
35	95	90	85	78	40	85	80	75	70	40	74	70	66	61	40	127	120	113	104	40	111	105	99	91	40	99	93	87	81	50
50	121	114	107	99	50	108	102	96	89	50	95	90	85	78	50	159	150	141	131	50	140	132	124	115	50	124	117	110	102	63
70	154	145	136	126	50	138	130	122	113	50	122	115	108	100	63	196	185	174	161	50	177	167	157	145	63	157	148	139	129	63
95	186	175	165	152	63	167	158	149	137	63	148	140	132	122	63	244	230	216	200	63	217	205	193	178	63	196	185	174	161	63
120	212	200	188	174	63											286	270	254	235	63										

注　表中管径适用于：直管≤30m，一个弯≤20m，两个弯≤15m，超长应设拉线盒或增大一级管径。

▶ 4.4 ⦂ PVC 线槽的允许穿线根数

PVC 线槽的允许穿线根数见表 4-6。

表 4-6　　　　　　　　　　PVC 线槽的允许穿线根数　　　　　　　　单位：根

名称	横截面积(mm×mm)	有效面积(mm²)	BLV-500, BV-500V, BVR-500V											
			1.5mm²	2.5mm²	4mm²	6mm²	10mm²	16mm²	25mm²	35mm²	50mm²	70mm²	95mm²	120mm²
线槽	15×10	104	3（6）	2（4）	2（3）	（2）								
	25×15	290	6（11）	4（8）	3（6）	2（4）	2							
	40×20	640	14（36）	10（25）	8（19）	5（13）	4	2	2					
	65×25	1300	28（72）	20（50）	15（38）	11（27）	7	5	3	2	2	2		
	80×40	2800	30（155）	30（108）	30（182）	23（58）	15	10	6	5	3	3	3	2
封闭式线槽	50×25	900	20（50）	14（34）	11（26）	8（9）	5	3	2	2	2			
	75×25	1300	28（72）	20（50）	15（38）	11（27）	7	5	3	2	2	2		
	100×25	1700	30（94）	26（65）	20（50）	14（35）	9	6	4	3	2	2	2	
线槽	32×12.5	300	7（17）	5（12）	4（9）	3（6）	2							
	40×12.5	380	8（21）	6（15）	4（11）	3（8）	2							
	60×12.5	580	13（32）	9（22）	7（17）	5（12）	3	2						
	20×16	240	5（13）	4（9）	3（7）	2（5）								
	32×16	400	9（22）	6（15）	5（12）	3（8）	2	2						
	40×16	500	11（27）	8（19）	6（15）	4（10）	2	2						
	120×50	5000	30（277）	30（192）	30（147）	30（104）	27	18	10	9	6	6	5	3

注　1. 线槽内电线总截面按线槽内截面的 20% 计算，载流导线不宜超过 30 根。
　　　括号内为控制信号或与其类似的线路的导线的根数，总截面不应超过线槽内截面的 50%。
　　2. 线槽内导线载流量按穿线管四根导线载流量考虑。

▶ 4.5 ⦂ 电线穿 PVC 电线管的选择

电线穿 PVC 电线管的选择见表 4-7~ 表 4-10。

表 4-7　BX、BLX 电线穿管管径选择

单位：mm

截面 (mm²)	导线根数						
	2	3	4	5	6	7	8
1.0	16						
1.5		20		25			
2.5						32	
4							
6					40		
10	32				50		
16		40					
25			50		63		
35							
50	50						
70		63					
95							

注　管径系指管材外径。

表 4-8　BV、BLV、BV-105、BLV-105 电线穿管管径选择

单位：mm

截面 (mm²)	导线根数						
	2	3	4	5	6	7	8
1.0							20
1.5		16					
2.5							
4			20			25	
6							32
10		25		32			
16	32		40			50	
25				50			
35							
50	50				63		
70							
95							

注　管径系指管材外径。

表 4-9　BVR 电线穿管管径选择

单位：mm

截面 (mm²)	导线根数						
	2	3	4	5	6	7	8
1.0						20	
1.5		16					
2.5				20			
4	20			25		32	
6							
10	25		32		40		50
16							
25	40		50			63	
35							
50							

注　管径系指管材外径。

表 4-10　BXF、BLXF 电线穿管管径选择

单位：mm

截面 (mm²)	导线根数						
	2	3	4	5	6	7	8
1.0							
1.5		16		20			
2.5							
4					25		
6						32	
10	25		32		40		
16							
25	40						
35			50				
50				63			
70							
95							

注　管径系指管材外径。

4.6　塑铜线缆系列

塑铜线缆系列见表 4-11。

表 4-11　　　　　　　　　　　　　塑铜线缆系列

型号	名称	额定电压（V）	芯数	横截面积（mm²）
60227 IEC 01（BV）	一般用途单芯硬导体无护套电缆	450/750	1	1.5~95
60227 IEC 02（RV）	一般用途单芯软导体无护套电缆	450/750	1	1.5~6

续表

型号	名称	额定电压(V)	芯数	横截面积（mm²）
60227 IEC 05（BV）	内部布线用导体温度为70℃的单芯实心导体无护套电缆	300/500	1	0.5~1
600227 IEC 06（RV）	内部布线用导体温度为70℃的单芯软导体无护套电缆	300/500	1	0.5~1
60227 IEC 52（RVV）	轻型聚氯乙烯护套软线	300/300	2、3	0.5~0.75
60227 IEC 53（RVV）	普通聚氯乙烯护套软线	300/500	2、3	0.75~2.5
BV	铜芯聚氯乙烯绝缘电线	300/500	1	0.75~1
BVR	铜芯聚氯乙烯绝缘电线	450/750	1	2.5~50
BVVB	铜芯聚氯乙烯绝缘聚氯乙烯护套扁型电缆	300/500	2、3	0.75~10

4.7 60227 IEC 01（BV）型一般用途单芯硬导体无护套电缆

60227 IEC 01（BV）型一般用途单芯硬导体无护套电缆见表4-12。

表4-12　　60227 IEC 01（BV）型一般用途单芯硬导体无护套电缆

标准截面（mm²）	根数/线径（mm）	20℃时导体最大电阻（Ω/km）	70℃时最小绝缘电阻（MΩ/km）
1.5	1/1.38	12.1	0.011
1.5	7/0.52	12.1	0.010
2.5	1/1.78	7.41	0.010
4	1/2.25	4.61	0.0085
6	1/2.76	3.08	0.0070
10	7/1.35	1.83	0.0065
16	7/1.70	1.15	0.0050
25	7/2.14	0.727	0.0050
35	7/2.52	0.524	0.0040
50	19/1.78	0.387	0.0045
70	19/2.14	0.268	0.0035
95	19/2.52	0.193	0.0035

4.8 60227 IEC 02（RV）型一般用途单芯软导体无护套电缆

60227 IEC 02（RV）型一般用途单芯软导体无护套电缆见表4-13。

表 4-13　　　60227 IEC 02（RV）型一般用途单芯软导体无护套电缆

标准截面（mm²）	根数／线径（mm）	20℃时导体最大电阻（Ω/km）	70℃时最小绝缘电阻（MΩ/km）
1.5	32/0.25	13.3	0.010
2.5	49/0.25	7.98	0.009
4	56/0.30	4.98	0.007
6	84/0.30	3.30	0.006
10	84/0.40	1.91	0.0056

4.9　60227 IEC 05（BV）型内部布线用导体温度为 70℃ 的单芯实心导体无护套电缆

60227 IEC 05（BV）型内部布线用导体温度为 70℃的单芯实心导体无护套电缆见表 4-14。

表 4-14　　　60227 IEC 05（BV）型内部布线用导体温度为 70℃的单芯实心导体无护套电缆

标准截面（mm²）	根数／线径（mm）	20℃时导体最大电阻（Ω/km）	70℃时最小绝缘电阻（MΩ/km）
0.5	1/0.8	36.0	0.015
0.75	1/0.97	24.5	0.012
1	1/1.13	18.1	0.011

4.10　60227 IEC 06（RV）型内部布线用导体温度为 70℃ 的单芯软导体无护套电缆

60227 IEC 06（RV）型内部布线用导体温度为 70℃的单芯软导体无护套电缆见表 4-15。

表 4-15　　　60227 IEC 06（RV）型内部布线用导体温度为 70℃的单芯软导体无护套电缆

标准截面（mm²）	根数／线径（mm）	20℃时导体最大电阻（Ω/km）	70℃时最小绝缘电阻（MΩ/km）
0.5	16/0.20	39.0	0.013
0.75	24/0.20	35.0	0.011
1	32/0.20	19.5	0.010

4.11 60227 IEC 52（RVV）型轻型聚氯乙烯护套软线

60227 IEC 52（RVV）型轻型聚氯乙烯护套软线见表4-16。

表4-16　　　　60227 IEC 52（RVV）型轻型聚氯乙烯护套软线

芯数 × 标称截面(mm²)	根数 / 线径（mm）	20℃时导体最大电阻（Ω/km）	70℃时最小绝缘电阻（MΩ/km）
2 × 0.5	16/0.20	39.0	0.012
2 × 0.75	24/0.20	26.0	0.010
3 × 0.5	16/0.20	39.0	0.012
3 × 0.75	24/0.20	26.0	0.010

4.12 60227 IEC 53（RVV）型普通聚氯乙烯护套软线

60227 IEC 53（RVV）型普通聚氯乙烯护套软线见表4-17。

表4-17　　　　60227 IEC 53（RVV）型普通聚氯乙烯护套软线

芯数 × 标称截面(mm²)	根数 / 线径（mm）	20℃时导体最大电阻（Ω/km）	70℃时最小绝缘电阻（MΩ/km）
2 × 0.75	42/0.15	26.0	0.011
2 × 1	32/0.20	19.5	0.010
2 × 1.5	48/0.20	13.3	0.010
2 × 2.5	77/0.20	7.98	0.009
3 × 0.75	42/0.15	26.0	0.011
3 × 1	32/0.20	19.5	0.010
3 × 1.5	48/0.20	13.3	0.010
3 × 2.5	77/0.20	7.98	0.009

4.13 BV 型铜芯聚氯乙烯绝缘电线

BV 型铜芯聚氯乙烯绝缘电线见表4-18。

表4-18　　　　　　　　BV 型铜芯聚氯乙烯绝缘电线

标准截面（mm²）	根数 / 线径（mm）	20℃时导体最大电阻（Ω/km）	70℃时最小绝缘电阻（MΩ/km）
0.75	7/0.37	24.5	0.014
1	7/0.43	18.1	0.013

4.14 BVR 型铜芯聚氯乙烯绝缘电线

BVR 型铜芯聚氯乙烯绝缘电线见表 4-19。

表 4-19　　　　　　　　BVR 型铜芯聚氯乙烯绝缘电线

标准截面（mm²）	根数 / 线径（mm）	20℃时导体最大电阻（Ω/km）	70℃时最小绝缘电阻（MΩ/km）
2.5	19/0.41	7.41	0.011
4	19/0.52	4.61	0.009
6	19/0.64	3.08	0.0084
10	49/0.52	1.83	0.0072
16	49/0.64	1.15	0.0062
25	98/0.58	0.727	0.0058
35	133/0.58	0.524	0.0052
50	133/0.68	0.387	0.0051

4.15 BVVB 型铜芯聚氯乙烯绝缘聚氯乙烯护套扁型电缆

BVVB 型铜芯聚氯乙烯绝缘聚氯乙烯护套扁型电缆见表 4-20。

表 4-20　　　BVVB 型铜芯聚氯乙烯绝缘聚氯乙烯护套扁型电缆

芯数 × 标称截面(mm²)	根数 / 线径（mm）	20℃时导体最大电阻（Ω/km）	70℃时最小绝缘电阻（MΩ/km）
2 × 0.75	1/0.97	24.5	0.012
2 × 1	1/1.13	18.1	0.011
2 × 1.5	1/38	12.1	0.011
2 × 2.5	1/1.78	7.41	0.010
2 × 4	1/2.25	4.61	0.0085
2 × 6	1/2.76	3.08	0.0070
2 × 10	7/1.35	1.83	0.0065
3 × 0.75	7/0.97	24.5	0.012
3 × 1	1/1.13	18.1	0.011
3 × 1.5	1/38	12.1	0.011
3 × 4	1/2.25	4.61	0.0085
3 × 6	1/2.76	3.08	0.0070
3 × 10	7/1.35	1.83	0.0065

4.16 接线盒与灯头盒的规格

接线盒和灯头盒的规格如图 4-1 所示。

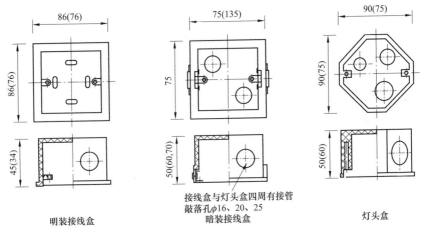

接线盒与灯头盒四周有接管
敲落孔φ16、20、25

明装接线盒　　　暗装接线盒　　　灯头盒

图 4-1　接线盒与灯头盒的规格（mm）

4.17 插头

勿将过多的电气设备插到单个多插位插座上。否则，可能会由于过热而引发火灾。各种类型的插头如图 4-2 所示。

两极带接地不可拆线插头的结构特点如下：

（1）线：3 芯 RVV。

（2）插头内层：聚丙烯。

（3）插头外层：70℃聚氯乙烯。

（4）用途：主要应用于多位转换器、各类家用电器等。

两极带接地不可拆线插头的规格特点见表 4-21。

表 4-21　　　　　　两极带接地不可拆线插头的规格

型号规格	线长（m）	颜色
RVV3×0.75 连 10A 插头	2、3、4、5	灰、白、米黄
RVV3×1 连 10A 插头	2、3、4、5	灰、白、米黄
RVV3×0.75 连 16A 插头	2	灰、白、米黄

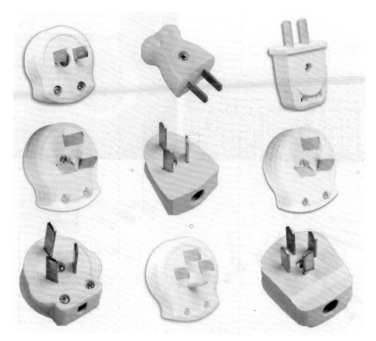

图 4-2　各种类型的插头

4.18 明装电路配线材料的要求和特点

明装电路配线材料的要求和特点如图 4-3 所示。

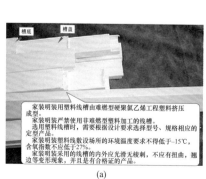

家装明装用塑料线槽由难燃型硬聚氯乙烯工程塑料挤压成型。
家装明装严禁使用非难燃型塑料加工的线槽。
选用塑料线槽时，需要根据设计要求选择型号、规格相应的定型产品。
家装明装塑料线敷设场所的环境温度不得低于-15℃，含氧指数不应低于27%。
家装明装采用的线槽的内外应光滑无棱刺，不应有扭曲、翘边等变形现象，并且是有合格证的产品。

(a)

家装明装用绝缘导线的型号、规格必须符合设计要求。
线槽内敷设导线的线芯最小允许截面：铜导线为1.0mm²，
铝导线为2.5mm²，通常铜导线一般采用2.5mm²、4mm²

(b)

图 4-3　明装电路配线材料（一）
(a) 塑料线槽；　(b) 绝缘导线

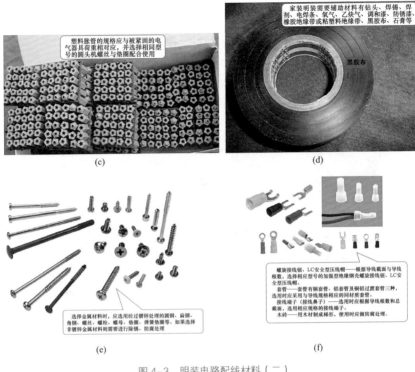

图 4-3 明装电路配线材料（二）

(c) 塑料胀管；　(d) 辅助材料；　(e) 镀锌材料；　(f) 其他材料

▶ 4.19 常见电气符号

常见电气符号见表 4-22。

表 4-22　　　　　　　　　　常见电气符号

图形符号	名称	图形符号	名称	图形符号	名称
	电源箱		单根拉线开关		导线穿管保护
	电能表箱	C	暗装开关		导线不连接
	配电箱	EX	防爆开关		导线连接
	电话箱	EN	密闭开关		向上配线
	电话箱		单极自动开关		向下配线

续表

图形符号	名称	图形符号	名称	图形符号	名称
⌐H ⌐H	电话出线盒	✕	双极自动开关	/	垂直通过配线
⌐T ⌐T	电视出线盒	✕	三极自动开关	/	接地线
◎	按钮开关	✕	四极自动开关	/	接地极
⊗	带指示灯按钮开关	——	主干线	⊥	接地
⌀t	单极限时开关	——	配电线路	⊕	保护接地
⊗	带指示灯开关	n	n 根线	◁	电缆终端头
⌀	暗装单极跷板开关	F	电话线	—○	架空线路
⌀	暗装双极跷板开关	V	电视线	▨	壁龛交接箱
⌀	暗装三极跷板开关	≡	地下管道	▨	落地交接箱
▨	架空交接箱	△	报警器	✕	带漏电保护断路器
⊻	二分配器	◗	暗装单相插座	▼	室外地坪
⊻	四分配器	◗	带接地面孔的暗装单相插座	▼	室内地坪
⊕	二分支器	⌓	带保护接点插座	⊗	照明灯
⊕	四分支器	⌓	带护板插座	▬	荧光灯
—▭⊢	终端电阻 75Ω	N	中性线	PR	塑料线槽
▷	放大器	PE	接地线	Wh	电能表
⌀	负荷开关	L1 L2 L3	相线	⊓	电铃
✕	断路器	PC	阻燃硬塑料管	GM	燃气表
⌐	隔离开关	SC	镀锌焊接钢管		
$\frac{A-B}{C}D$	A—编号，B—容量，C—线序，D—用户量	MT	电线管		

▶ 4.20 集中电能表箱的特点

集中电能表箱立面及电能表实物图如图4-4所示。

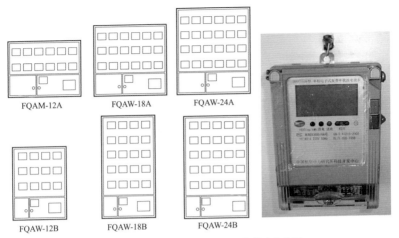

FQAM-12A   FQAW-18A   FQAW-24A

FQAW-12B   FQAW-18B   FQAW-24B

图4-4 集中电能表箱的立面及电能表实物图

集中电能表箱部分内部系统图如图4-5所示。

①号线路的电能表、开关选用

电负荷等级	电能表规格(A)	QS/2P(A)	QF/2P(A)
4kW/户	5(20)	20	20
6kW/户	5(30)	32	32
8kW/户	10(40)	40	40
10kW/户	15(60)	63	63

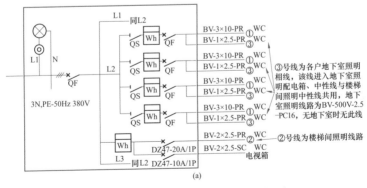

(a)

图4-5 集中电能表箱部分内部系统图（一）
(a) 十二户表箱

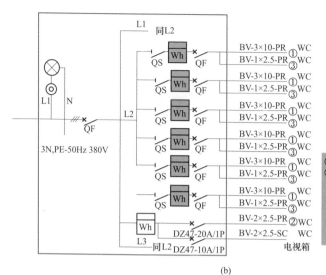

②号线为楼梯间照明线路
③号线为各户地下室照明相线，该线进入地下室照明配电箱。中性线与楼梯间照明中性线共用，地下室照明线路为BV-500V-2.5-PC16，无地下室时此线

(b)

图 4-5　集中电能表箱部分内部系统图（二）
(b) 十八户表表箱

4.21　多用户电能表箱系统图

多用户电能表箱系统图如图 4-6 所示。

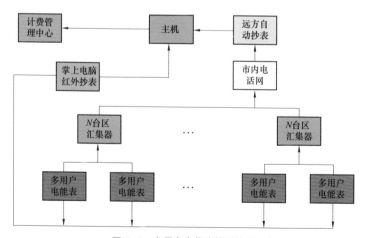

图 4-6　多用户电能表箱系统图

4.22　电源进户电能表箱配电系统

电源进户电能表箱配电系统如图 4-7 所示。

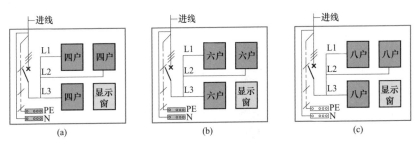

图 4-7　电源进户电能表箱配电系统

(a) 十二户表表箱系统图；(b) 十八户表表箱系统图；(c) 二十四户表表箱系统图

4.23　用户线配电箱

用户线配电箱如图 4-8 所示。

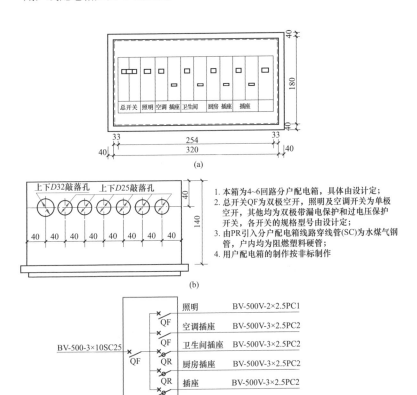

1. 本箱为4~6回路分户配电箱，具体由设计定；
2. 总开关QF为双极空开，照明及空调开关为单极空开，其他均为双极带漏电保护和过电压保护开关，各开关的规格型号由设计定；
3. 由PR引入分户配电箱线路穿线管(SC)为水煤气钢管，户内均为阻燃塑料硬管；
4. 用户配电箱的制作按非标制作

图 4-8　用户线配电箱

(a) 立面；(b) 平面；(c) 系统图

4.24 低压架空进户线

低压架空进户线如图 4-9 所示。

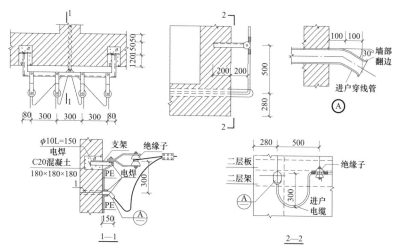

图 4-9　低压架空进户线

4.25 地下进户线与接地装置

地下进户线与接地装置如图 4-10 所示。

4.26 接地线的安装

接地线的安装如图 4-11 所示。

4.27 表箱线槽敷设系统

表箱线槽敷设系统如图 4-12 所示。

4.28 电能表箱安装平面

电能表箱安装平面示意图如图 4-13 所示。

4.29 电能表箱安装立面

电能表箱安装立面示意图如图 4-14 所示。

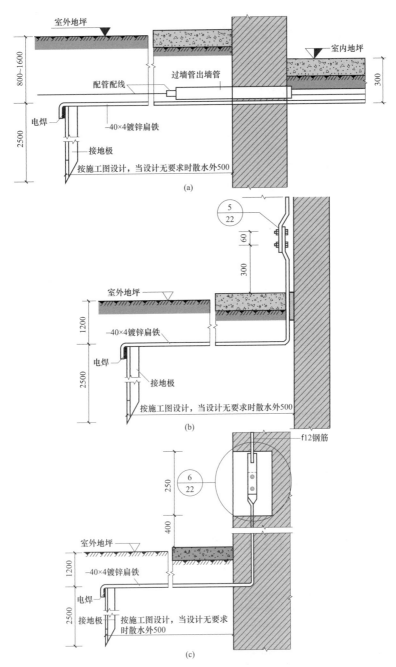

图 4-10 地下进户线与接地装置
(a) 地下进户及接地安装剖面图; (b) 室外明装接地剖面图; (c) 室外暗装接地剖面图

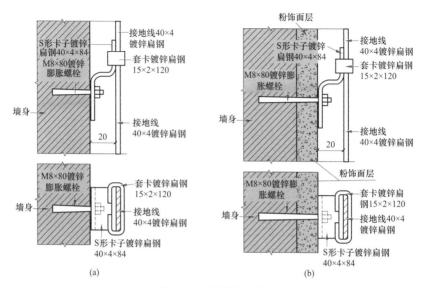

图 4-11　接地线的安装
(a) 清水墙接地线明装；(b) 粉饰墙接地线明装

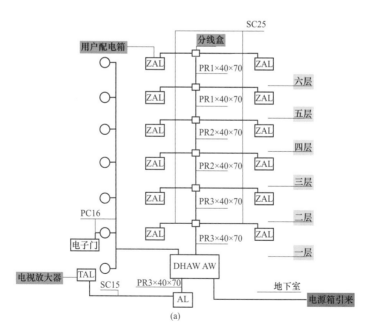

图 4-12　表箱线槽敷设系统（一）
(a) 十二户表表箱

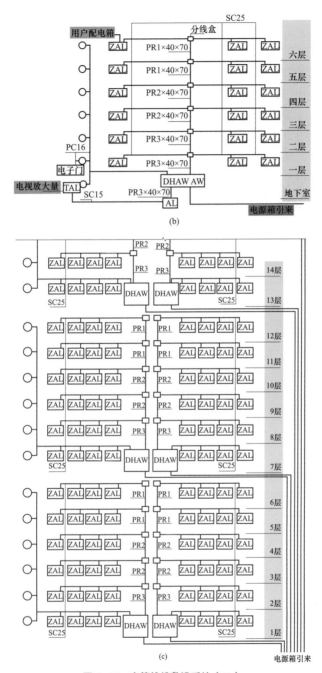

(b)

(c)

图 4-12 表箱线槽敷设系统（二）
(b) 十八户表表箱；（c) 二十四户表表箱

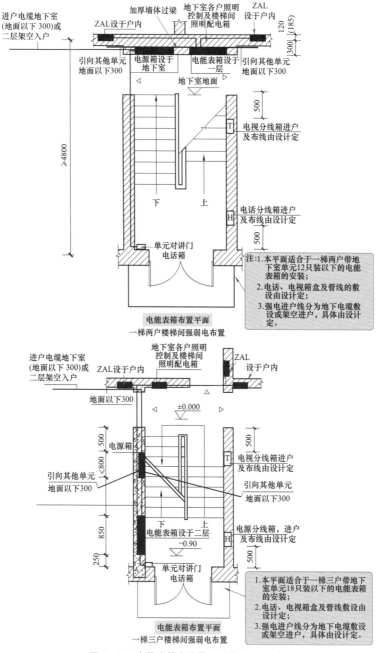

图 4-13 电能表箱安装平面示意图（mm）

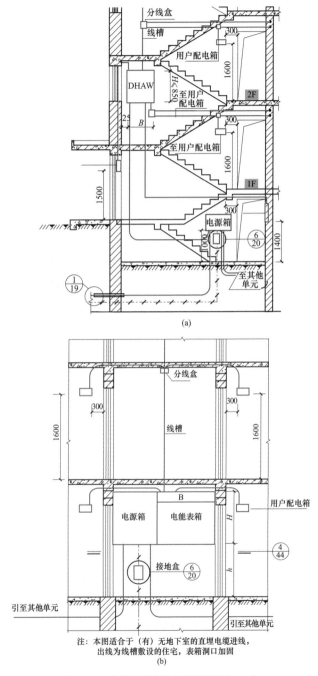

图 4-14　电能表箱安装立面示意图（mm）

▶ 4.30 ▏ 分户配电箱的安装

分户配电箱的安装如图 4-15 所示。

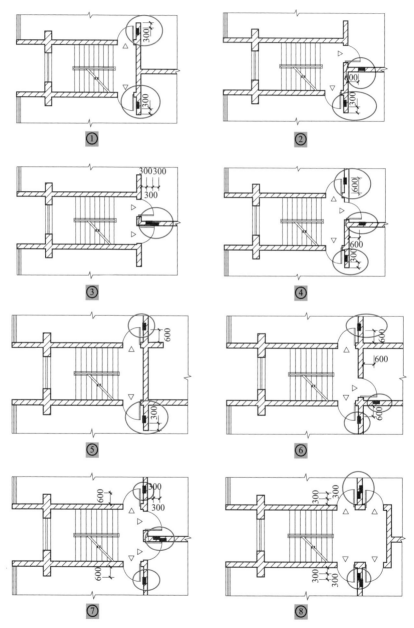

图 4-15　分户配电箱的安装（mm）

4.31 总等电位联结

总等电位联结如图 4-16 所示。

4.32 卫生间等电位联结

卫生间等电位联结如图 4-17 所示。

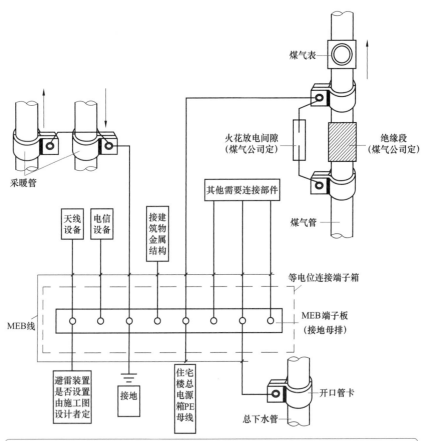

注：MEB表示总等电位联结。等电位联结端子箱宜设置于电源箱处，且需用钥匙或工具方可打开，防止无关人员触动。相邻近管道及金属结构可用一根MEB线连接。
经实测总等电位联结内的水管、基础钢筋等自然接地体的接地电阻值已满足电气装置的接地要求时，不需另打人工接地极。
图中箭头方向表示水、气流动方向。当进、回水管道相距较远时，也可由MEB端子板分别用一根MEB线连接。

图 4-16　总等电位联结（一）

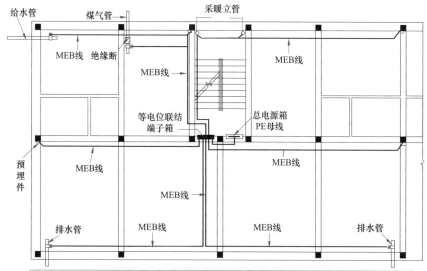

注:当防雷设施(有避雷装置时)利用建筑物钢结构和基础钢筋作下引线和接地极后,MEB也对雷电过电压起均衡电位的作用,当防雷设施有专用引下线和接地极时,应将该接地极与MEB连接,以与保护接地的接地极(如基础钢筋)相连通。有电梯井道时,应将电梯导轨与MEB端子板连通。图中MEB线均为40mm×4mm镀锌扁钢或铜导线在墙内或地面内暗敷。MEB端子板除与外墙内钢筋连接外,应于与卫生间相邻近的墙或柱的钢筋相连接。

图 4-16　总等电位联结(二)

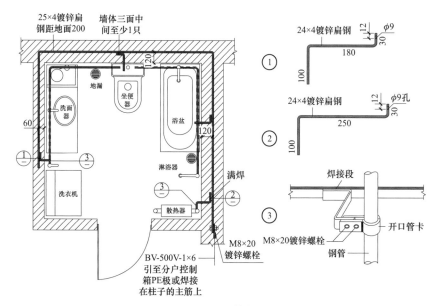

图 4-17　卫生间等电位联结

▶ 4.33 声光控开关的接线

声光控开关的接线如图4-18所示。

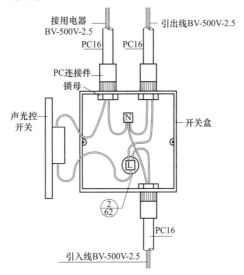

图4-18 声光控开关的接线

▶ 4.34 开关盒和插座盒的接线

开关盒和插座盒的接线如图4-19所示。

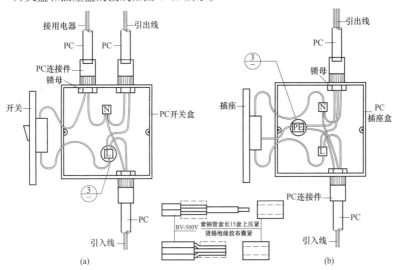

图4-19 开关盒和插座盒的接线
(a) 开关盒；(b) 插座盒

4.35　BV-500V 导线穿线槽选用

BV-500V 导线穿线槽选型见表 4-23、表 4-24。

表 4-23　　　　　　　　　　　穿线单线面积及根量

穿线槽截面尺寸（长×宽×厚，mm×mm×mm）	1.5（mm²）	2.5（mm²）	4（mm²）	6（mm²）	10（mm²）	16（mm²）
（1300~3000）×120×70	330	261	201	156	81	60
（1300~3000）×80×70	220	174	134	104	54	40
（1300~3000）×40×70	110	87	67	52	27	20

穿线槽截面尺寸（长×宽×厚，mm×mm×mm）	25（mm²）	35（mm²）	50（mm²）	70（mm²）	95（mm²）	120（mm²）
（1300~3000）×120×70	39	30	21	15	12	9
（1300~3000）×80×70	26	20	14	10	8	6
（1300~3000）×40×70	13	10	7	5	4	3

注　穿线槽面积按槽内穿线总面积的 2.5 倍计算。

表 4-24　　　　　　　　BV-500V 导线穿线管规格及管径　　　　　　　　单位：mm

导线截面（mm²）	2根导线 MT	SC	PC	3根导线 MT	SC	PC	4根导线 MT	SC	PC	5根导线 MT	SC	PC	6根导线 MT	SC	PC
1	15	15	16	15	15	16	15	15	16	15	15	16	15	15	16
1.5	15	15	16	15	15	16	15	15	16	20	15	20	20	15	20
2.5	15	15	16	15	15	16	20	15	20	20	15	20	20	20	20
4	15	15	16	15	15	16	20	15	20	25	20	25	25	20	25
6	20	15	20	20	15	20	25	20	25	25	20	25	25	20	25
10	25	20	25	32	25	32	32	25	32	32	32	32	40	32	40
16	32	25	32	32	25	32	40	32	40	40	32	40	50	40	40
25	32	25	32	40	32	40	50	40	40	50	40	50	50	50	50
35	40	32	40	50	40	40	50	50	50	50	50	50	80	70	80
50	50	40	40	50	50	50	80	70	80	80	70	80	80	80	80
导线规格	BV-500V-4×50+1×35			BV-500V-4×70+1×35			BV-500V-4×95+1×50			BV-500V-4×120+1×70			BV-500V-4×150+1×95		
SC	70			80			100			100			100		

注　1. 表中 SC 为普通钢管或镀锌钢管；MT 为电线管；PC 为阻燃塑料管。
　　2. 穿线管面积按管内穿线总面积的 3~4 倍计算。

4.36 强电塑料线槽配线安装材料要求与工艺流程

强电塑料线槽配线安装材料要求见表4-25。

表 4-25 　　　　　　　　强电塑料线槽配线安装材料要求

名称	要求
塑料线槽	塑料线槽一般由槽底、槽盖及附件组成。选用塑料线槽时，需要根据设计要求选择型号、规格相应的定型产品。其敷设场所的环境温度不得低于—15℃，其氧指数不应低于27%
绝缘导线	导线的型号、规格必须符合设计要求，线槽内敷设导线的线芯最小允许截面：铜导线为 1.0mm²，铝导线为 2.5mm²
螺旋接线钮	需要根据导线截面和导线根数，选择相应型号的加强型绝缘钢壳螺旋接线钮
套管	套管有铜套管、铝套管、铜过渡套管三种，选用时需要采用与导线规格相应的同材质套管
接线端子（接线鼻子）	选用接线端子（接线鼻子）时，需要根据导线的根数和总截面，选用相应规格的接线端子
木砖	木砖可以用木材制成梯形，使用时需要做防腐处理
塑料胀管	选用时，塑料胀管的规格需要与被紧固的电气器具荷重相对应，并选择相同型号的圆头机螺钉与垫圈配合使用
镀锌材料	选择金属材料时，尽量选择经过镀锌处理的圆钢、扁钢、角钢、螺钉、螺栓、螺母、垫圈、弹簧垫圈等。非镀锌金属材料需要进行除锈和防腐处理
辅助材料	常见的辅助材料有钻头、焊锡、焊剂、焊条、氧气、乙炔气、调和漆、防锈漆、橡胶绝缘带或黏塑料绝缘带、黑胶布、石膏等

强电塑料线槽配线工艺流程：弹线定位→线槽固定→线槽连接→槽内放线→导线连接→线路检查、绝缘摇测。

4.37 农村家装进户线的连接

农村家装进户线的连接如图4-20所示，接线一般通过电力基层电工操作，装饰装修电工不得擅自连接。

图 4-20　家装进户线的连接（一）

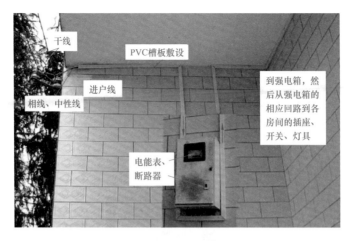

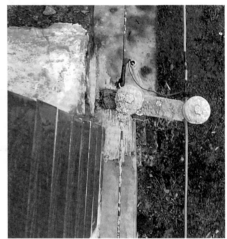

图 4-20　家装进户线的连接（二）

4.38　塑料线槽配线弹线定位

塑料线槽配线弹线定位（图 4-21）需要符合以下规定：

（1）线槽配线在穿过楼板或墙壁时，需要用保护管，而且穿楼板处必须用钢管保护，有的要求保护高度距地面不应低于 1.8m。装设开关的地方，可以引到开关的位置。

（2）过变形缝时，需要做补偿处理。

弹线定位方法：根据设计图确定进户线、盒、箱等电气器具固定点的位置（图 4-22），并且从始端到终端（先干线后支线）找好水平或垂直线。然后用粉线袋

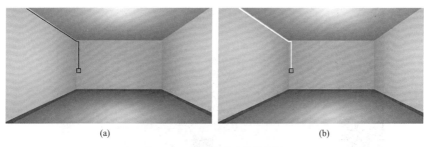

图 4-21　弹线定位和线槽配线
(a) 弹线定位；　(b) 线槽配线

电源线外露

图 4-22　根据设备确定一些电气连接点

在线路中心弹线，分均档，用笔画出加档位置后，再细查木砖是否齐全，位置是否正确。否则，需要及时补齐。然后在固定点位置进行钻孔，埋入塑料胀管或伞形螺栓。弹线时不应弄脏建筑物表面。

没采用木砖，直接打孔埋入塑料胀管或伞形螺栓的，则可以先均分固定点再钻孔。

▶ 4.39 强电线槽固定——木砖

木砖固定强电线槽（图 4-23）的方法与要点：

（1）配合土建结构施工时预埋木砖。

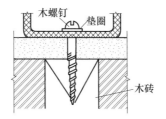

图 4-23　木砖固定线槽

（2）加气砖墙或砖墙剔洞后再埋木砖，梯形木砖较大的一面应朝洞里，外表面与建筑物的表面平齐，然后用水泥砂浆抹平。

（3）待凝固后，再把强电线槽底板用木螺钉固定在木砖上。

4.40　强电线槽固定——塑料胀管

塑料胀管固定强电线槽（图 4-24）的方法与要点：

（1）混凝土墙、砖墙，可以采用塑料胀管固定塑料线槽。

（2）根据胀管直径、长度来选择钻孔钻头，在标出的固定点位置上钻孔，不应歪斜、豁口。

（3）垂直钻好孔后，需要将孔内残存的杂物清净，然后用锤子把塑料胀管垂直敲入孔中，以其与建筑物表面平齐为准，再用石膏将缝隙填实抹平。

（4）用半圆头木螺钉加垫圈将线槽底板固定在塑料胀管上，紧贴建筑物表面。一般先固定两端，再固定中间，同时找正线槽底板，做到横平竖直，以及沿建筑物形状表面进行敷设。

图 4-24　塑料胀管固定强电线槽

4.41　强电线槽固定——伞形螺栓

伞形螺栓固定强电线槽（图 4-25）的方法与要点：

（1）在石膏板墙或其他护板墙上，可以用伞形螺栓固定强电塑料线槽。

（2）首先根据弹线定位的标记，找出固定点位置，以及把线槽的底板横平竖直地紧贴建筑物的表面。

（3）钻好孔后，将伞形螺栓的两伞叶掐紧合拢插入孔中，等合拢伞叶自行张

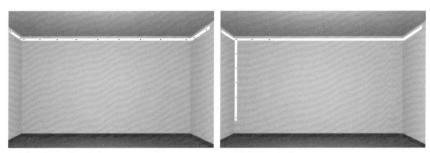

图 4-25 伞形螺栓固定强电线槽

开后，再用螺母紧固即可，露出线槽内的部分需要加套塑料管。

（4）固定强电线槽时，一般需要先固定两端再固定中间。

伞形螺栓的安装做法及构造如图 4-26 所示。

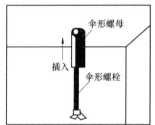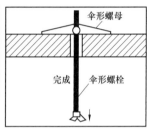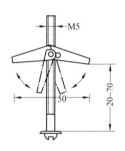

图 4-26 伞形螺栓安装做法及构造

4.42 强电线槽的连接

强电线槽连接的要求与要点：

（1）线槽与附件连接处，需要严密平整、无缝隙、紧贴建筑物，固定点最大间距需要符合要求，见表 4-26。

（2）线槽分支接头，线槽附件需要采用相同材质的定型合格产品。

VXC-25 塑料线槽明敷设安装路线如图 4-27 所示。

表 4-26　　　　　　　　强电槽体固定点最大间距尺寸

固定点形式	槽板宽度（mm）		
	20~40	60	80~120
	固定点最大间距（mm）		
中心单列	80	—	—
双列	—	1000	—
双列	—	—	800

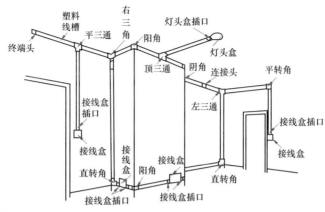

 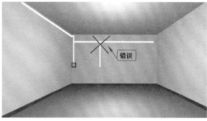

图 4-27 VXC-25 塑料线槽明敷设安装示意图

线槽的连接如图 4-28 所示。

 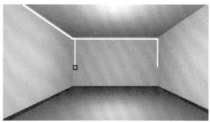

图 4-28 线槽的连接

4.43 强电线槽各种附件的安装

强电线槽各种附件安装的要求如下：

（1）盒子均需要两点固定,各种附件角、转角、三通等固定点不应少于两点（卡装式除外）,如图 4-29 所示。

（2）接线盒、灯头盒需要采用相应插口连接。

（3）线槽的终端需要采用终端头封堵。

（4）在线路分支接头处需要采用相应接线箱。

图 4-29　线槽附件的固定

（5）安装铝合金装饰板时，需要牢固平整严实。

塑料线槽有附件安装示意图如图 4-30 所示。

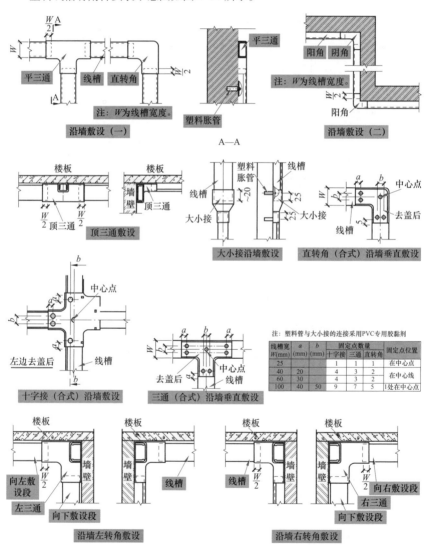

图 4-30　塑料线槽有附件安装（一）

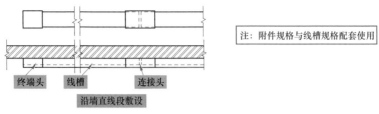

注：附件规格与线槽规格配套使用

终端头　线槽　连接头

沿墙直线段敷设

图 4-30　塑料线槽有附件安装（二）

4.44　强电线槽无附件安装

线槽直接拼接，则拼接处的缝隙要小，如图 4-31 所示。

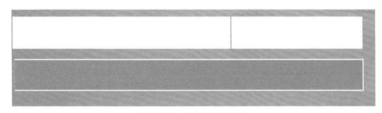

图 4-31　线槽直接拼接

线槽直角转弯拼接，则转弯处的缝隙要小，角度要正确，如图 4-32 所示。

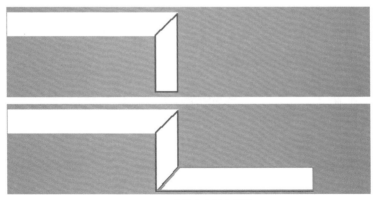

图 4-32　线槽直角转弯拼接

塑料线槽无附件安装示意图如图 4-33 所示。

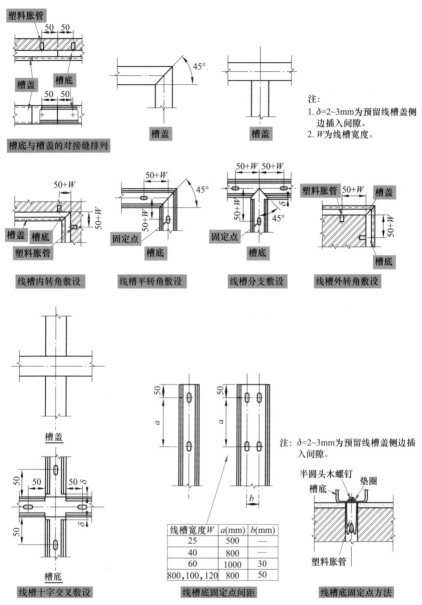

图 4-33 塑料线槽无附件安装示意图

4.45 塑料线槽接线箱的安装

塑料线槽接线箱的安装如图 4-34 所示。

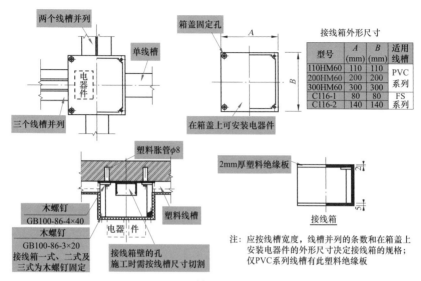

图 4-34　塑料线槽接线箱的安装

▶ 4.46 ◈ 塑料线槽接线盒的安装

塑料线槽接线盒的安装如图 4-35 所示。

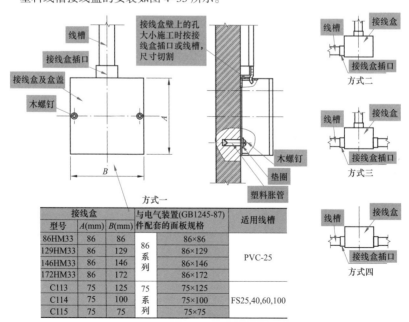

接线盒			与电气装置(GB1245-87) 件配套的面板规格	适用线槽
型号	A(mm)	B(mm)		
86HM33	86	86	86 系列	86×86	PVC-25
129HM33	86	129		86×129	
146HM33	86	146		86×146	
172HM33	86	172		86×172	
C113	75	125	75 系列	75×125	FS25,40,60,100
C114	75	100		75×100	
C115	75	75		75×75	

图 4-35　塑料线槽接线盒的安装

4.47 塑料线槽灯头盒的安装

塑料线槽灯头盒的安装如图4-36所示。

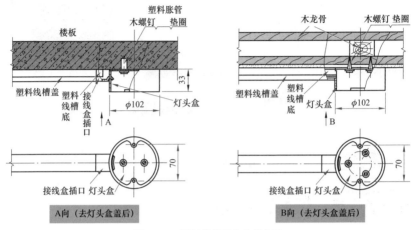

图4-36 塑料线槽灯头盒的安装

4.48 强电导线连接

导线连接应使连接处的接触电阻值最小，机械强度不降低，并恢复其原有的绝缘强度。连接时，应正确区分相线、中性线、保护地线。可采用绝缘导线的颜色区分，或使用仪表测试对号，检查正确方可连接。导线连接后，线路需要用绝缘电阻表摇测检查。

强电导线连接示意图如图4-37所示。

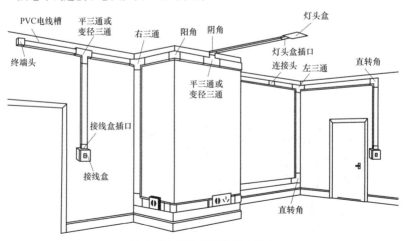

图4-37 强电导线连接示意图

4.49 明装插座面板与明装接线盒

明装插座面板（图 4-38）与明装接线盒（图 4-39）配套使用。明装接线盒比暗装接线盒矮一些，并且表面处理也光滑与漂亮一些，毕竟明装是可以看到整个外观的。

图 4-38　明装插座面板

图 4-39　明装接线盒

4.50 家装明装电路照明开关安装要求与规定

开关安装的规范与要求如下：

（1）开关安装位置要是便于操作的位置。

（2）开关边缘距门框边缘的距离 0.15~0.2m。

（3）开关距地面高度一般为 1.3m。

（4）拉线开关距地面高度一般为 2~3m，层高小于 3m 时，拉线开关距顶板不小于 100mm，并且拉线出口垂直向下。

（5）相同型号并列安装及同一室内开关安装高度一致，且控制有序不错位。

（6）并列安装的拉线开关的相邻间距不小于 20mm。

（7）安装开关时不得碰坏墙面，要保持墙面清洁。

（8）开关插座安装完毕后，不得再次进行喷浆。

（9）其他工种施工时，不要碰坏和碰歪开关。

（10）盒盖、槽盖应全部盖严实平整，不允许有导线外露现象。

床头开关和明装开关如图 4-40 所示。

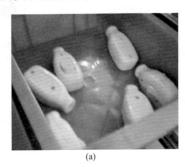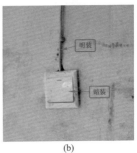

(a)   (b)

图 4-40 床头开关和明装开关
(a) 床头开关； (b) 明装开关

开关安装位置的高度暗装与明装基本一样，如图 4-41 所示。

图 4-41 开关安装位置

　　明装插座盒的固定不能够只采用胶布粘贴，需要插入塑料膨胀螺钉固定。明装的插座盒安装要端正，高度要满足要求，如图 4-42 所示。

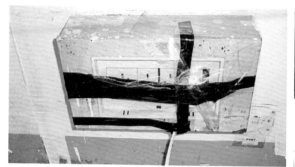

图 4-42　插座盒的固定和安装

　　明装的插座盒容易损坏，如图 4-43 所示。

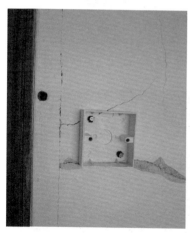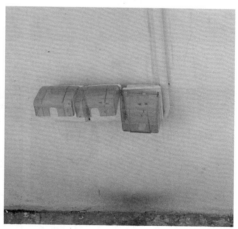

图 4-43　明装的插座盒

4.51 灯与开关、插座的连接

　　不规范的明装线路如图 4-44 所示。

　　灯控制线路与线槽布局如图 4-45 所示。

　　庭院灯需要注意防水、防晒等室外环境的要求，如图 4-46 所示。

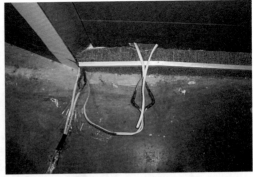

图 4-44 不规范的明装线路

图 4-45 灯控制线路与线槽布局

图 4-46 庭院灯

4.52 筒灯

筒灯的分类如下：

（1）根据尺寸大小，普通筒灯可以分为 2、2.5、3~8in。一般筒灯大小用两个数字表示，一个是外径，一个是开孔尺寸，也就是天花板施工时挖孔的尺寸。LED

明装筒灯尺寸较为简单，一般是 60、80、100、120mm，分 3、5、6、7、9、12、15、18W，可以是透镜、玻璃、亚克力发光。另外，LED 明装筒灯还可以做吊式安装。

（2）根据所用灯珠，可以分为大功率灯珠、小功率灯珠、集成灯珠三种。其中大功率灯珠又可以分为 1、2、3、5、10W。小功率筒珠根据封装形式又可分为 3014、3528、5050 等。集成灯珠，也就是 COB。

（3）根据安装方式，分为竖装筒灯、横装筒灯。竖装筒灯主要规格有 2、2.5、3、3.5、4、5、6in。横装筒灯通常规格较大，规格集中在 4、5、6、8in，另外还有 9、10、12in。

（4）根据是否需要开孔，分为开孔筒灯与无需开孔筒灯。无需开孔直接安装的明装筒灯，尺寸有 2.5、3、4、5、6in。暗装筒灯一般有卡口，明装筒灯一般没有卡口。

LED 明装筒灯是一种吸顶式到天花板面光线下射式的照明灯具。LED 明装筒灯属于定向式照明灯具，只有它的对立面才能受光，光束角属于聚光，光线较集中，明暗对比强烈。LED 明装筒灯可以更加突出被照物体，衬托出安静的环境气氛。明装筒灯安装示意图如图 4-47 所示。

4.53 木台、拉线开关和灯具的安装

明装开关操作要领如图 4-48 所示。

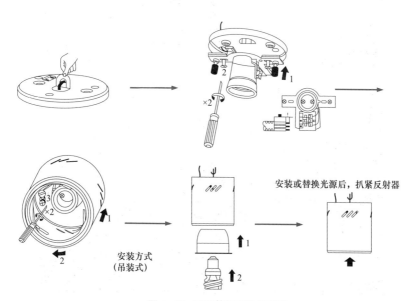

图 4-47 明装筒灯安装示意图

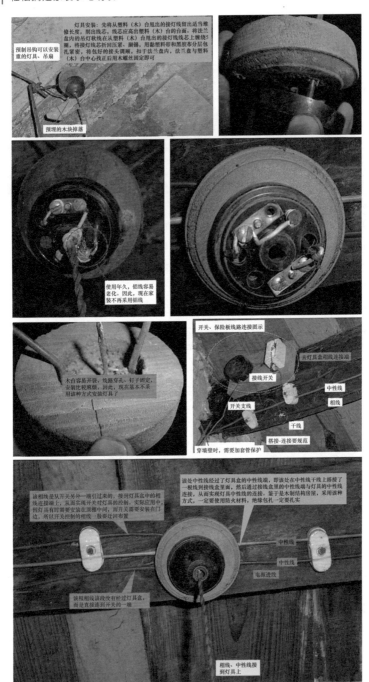

图 4-48　明装开关操作示意图

（1）先将从盒内甩出的导线由塑料（木）台的出线孔中穿出。

（2）再将塑料（木）台紧贴于墙面，用螺钉固定在盒子或木砖上。

（3）木台上的隐线槽应先顺对导线方向。

（4）然后用螺钉固定牢固。

（5）塑料（木）台固定后，将甩出的相线、中性线按各自的位置从开关、插座的线孔中穿出，按接线要求将导线压牢。

（6）再将开关或插座贴于塑料（木）台上，对中找正，用木螺钉固定牢。

（7）再把开关、插座的盖板上好即可。

目前，木台灯头（灯座）较少应用，主要是由于安装麻烦，而直接采用塑料灯头（灯座），如图 4-49 所示，塑料灯头（灯座）只需要简单固定与接线即可实现安装灯具的目的。目前广泛使用的一种明装灯座如图 4-50 所示。

图 4-49　塑料灯头（灯座）

图 4-50　一种明装灯座

4.54 瓷夹固定线路

瓷夹固定线路示意如图 4-51 所示。

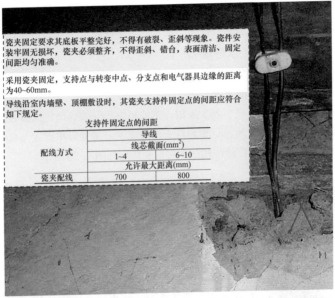

瓷夹固定要求其底板平整完好,不得有破裂、歪斜等现象。瓷件安装牢固无损坏,瓷夹必须整齐,不得歪斜、错位,表面清洁、固定间距均匀准确。

采用瓷夹固定,支持点与转变中点、分支点和电气器具边缘的距离为40~60mm。

导线沿室内墙壁、顶棚敷设时,其瓷夹支持件固定点的间距应符合如下规定。

支持件固定点的间距		
配线方式	导线	
	线芯截面(mm²)	
	1~4	6~10
	允许最大距离(mm)	
瓷夹配线	700	800

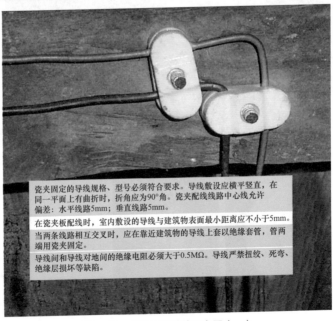

瓷夹固定的导线规格、型号必须符合要求。导线敷设应横平竖直,在同一平面上有曲折时,折角应为90°角。瓷夹配线线路中心线允许偏差:水平线路5mm;垂直线路5mm。

在瓷夹板配线时,室内敷设的导线与建筑物表面最小距离应不小于5mm。

当两条线路相互交叉时,应在靠近建筑物的导线上套以绝缘套管,管两端用瓷夹固定。

导线间和导线对地间的绝缘电阻必须大于0.5MΩ。导线严禁扭绞、死弯、绝缘层损坏等缺陷。

图 4-51　瓷夹固定线路示意图(一)

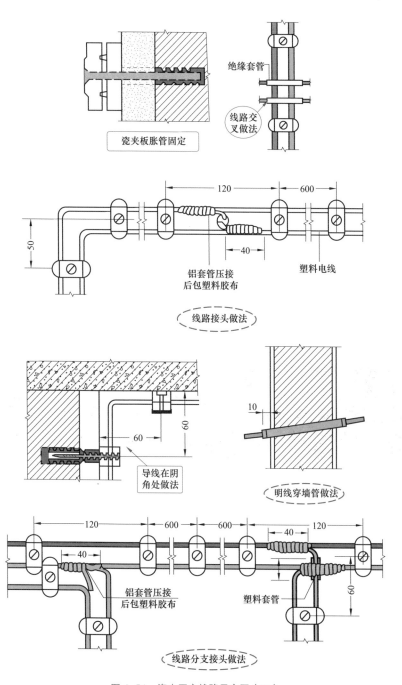

图 4-51 瓷夹固定线路示意图（二）

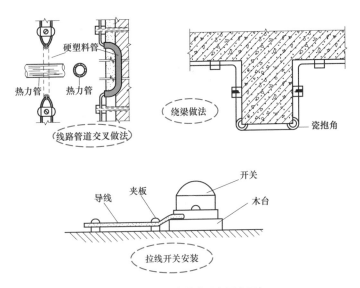

图 4-51 瓷夹固定线路示意图（三）

接线盒、开关、导线连接处等一般要采用瓷夹固定，也就是可能存在电线、电器掉落下来的地方，均需要考虑采用瓷夹固定，如图 4-52 所示。

图 4-52 需要采用瓷夹固定的情况

4.55 明装灯座的安装

螺口灯座有 E14、E27、E40。其中，E14、E27 属家用灯座，E27 在家装中常用。螺口灯座中间的金属片一定要与相线连接。周围的螺旋套只能接在中性线上，并且开关要控制相线，如图 4-53 所示。

有的明装灯座电线接线端是在上盖上，有的是在底盖上，如图 4-54 所示。

4.56 明装灯座的开关安装

明装灯座的开关安装示意图如图 4-55 所示。

线槽截面利用率不应超过 50%。槽内电线应顺直，尽量不交叉，电线不应溢出线槽。拉线盒盖应能开启。

相线端

中性线端

明装灯座的类型有86型明装平底灯头灯座、明装超薄卡口平灯头（座）、明装超薄螺口平灯头（座）等

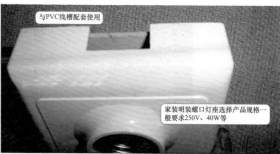

与PVC线槽配套使用

家装明装螺口灯座选择产品规格一般要求250V、40W等

安装时要拆下外盖，便于固定、接线

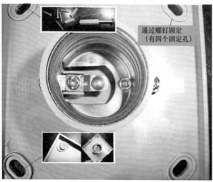

通过螺钉固定（有四个固定孔）

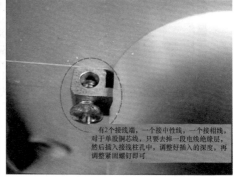

有2个接线端，一个接中性线，一个接相线，对于单股铜芯线，只要去掉一段电线绝缘层，然后插入接线柱孔中，调整好插入的深度，再调整紧固螺钉即可

图 4-53　明装灯座的安装（一）

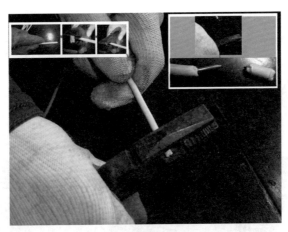

露芯太长或者没有插到位，绝缘层剥离太多

多股线剥线后芯线易松散，如果直接压接不易压实，运行中易发热，并且多股线更易氧化。因此多股线不准有断股，需要把端部绞紧、涮锡、加接冷压端子。线芯小的可以采用折回一段以达到增大线芯的目的

图 4-53　明装灯座的安装（二）

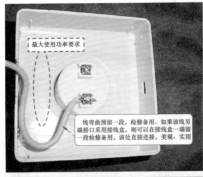

最大使用功率要求

线弯曲预留一段，检修备用。如果该线另一端接口采用接线盒，则可以在接线盒一端留一段检修备用，该处直接连接，美观、实用

如果在没有粉刷装饰的红砖墙壁上安装，墙壁表面往往不平整，这可以单独为灯座底面接触的墙壁找平或者粉刷、加垫物块。如果直接在红砖墙壁上安装，则四角的固定螺钉要互相配合，有的可能不能免调到底部

采用膨胀套和螺钉固定：先把孔定位画记号，用电锤打孔，再安装膨胀套，安装底板，再固定螺钉

此处要采用平三通附件

图 4-54　明装灯座接线

图 4-55　明装灯座的开关安装示意图

4.57 拉线开关的安装

拉线开关的安装如图 4-56 所示。

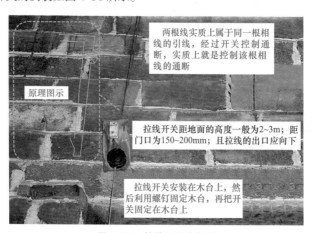

图 4-56　拉线开关的安装

4.58 明装吊线灯头

明装吊线灯头如图 4-57 所示。

中性线接
线柱

相线接线柱

螺口型

卡口型

卡口

图 4-57　明装吊线灯头

▶ 4.59 地板线槽配线安装

　　有的地板线槽采用低卤素硬质 PVC 材料制成，由槽底、槽盖组成，槽底配附双面胶。工作温度为 -25℃，持续高温至 70℃，瞬间可耐热达 85℃。如果没有配双面胶，可以采用线槽背胶：先将被固定板擦干净，再将背胶撕去，粘好压紧即可。当然，也可以采用螺钉固定。地板线槽如图 4-58 所示。

　　地板线槽使用方法：先将地板擦拭干净，再将底槽双面胶撕开，粘贴固定于地板上，随后装入电线，盖上槽盖即可。

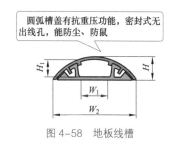

圆弧槽盖有抗重压功能，密封式无出线孔，能防尘、防鼠

图 4–58　地板线槽

▶ 4.60 ▨ 吊扇与壁扇的安装

吊扇及吊钩如图 4–59 所示。

安装程序：固定吊装→敷设线路→组装电扇→安装吊扇、吊管、接线→调试。

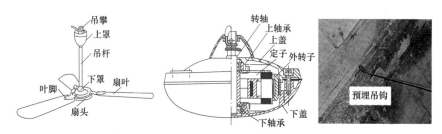

图 4–59　吊扇及吊钩

对吊钩的要求如下：

（1）吊钩挂上吊扇后，吊扇的重心与吊钩直线部分应在同一直线上。

（2）吊钩应能承受吊扇的重量与运转时的扭力，吊钩直径不应小于吊扇悬挂销钉的直径，且不得小于 8mm。

（3）吊扇必须预埋吊钩或螺栓，预埋件必须牢固可靠，安装要牢靠。

（4）吊钩伸出建筑物的长度应以盖上风扇吊杆护罩后能将整个吊钩全部罩住为宜。

预埋吊钩的做法如图 4–60 所示。

组装吊扇的方法：吊扇的叶架要轻拿轻放，不能用任何东西去挤压叶架。安装叶架叶片时，一般一个叶架叶片由 3 或 4 个螺钉固定。在锁这些螺钉的时候，尽量是同一个人去锁，尽量使用同等的力量。不要一个螺钉锁得很紧，而另一个又锁得很松。安装时整台吊扇的螺钉要锁紧，装好后最好再检查一遍。特别是吊杆跟吊扇主体连接处的螺钉，一定要锁紧。

组装电扇时，严禁改变扇叶角度，且扇叶的固定螺钉应装设防松装置；吊杆之间、吊杆与电动机之间的螺纹啮合长度不得小于 20mm，且必须装设防松装置。

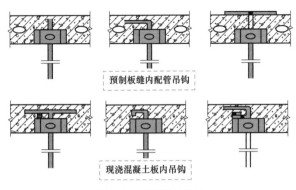

预制板缝内配管吊钩

现浇混凝土板内吊钩

图 4-60 预埋吊钩做法

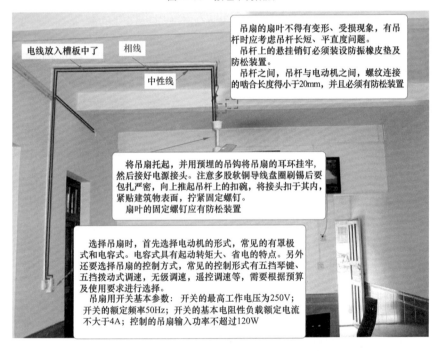

电线放入槽板中了

相线

中性线

吊扇的扇叶不得有变形、受损现象，有吊杆时应考虑吊杆长短、平直度问题。
吊杆上的悬挂销钉必须装设防振橡胶皮垫及防松装置。
吊杆之间，吊杆与电动机之间，螺纹连接的啮合长度得小于20mm，并且必须有防松装置

将吊扇托起，并用预埋的吊钩将吊扇的耳环挂牢，然后接好电源接头。注意多股软铜导线盘圈刷锡后要包扎严密，向上推起吊杆上的扣碗，将接头扣于其内，紧贴建筑物表面，拧紧固定螺钉。
扇叶的固定螺钉应有防松装置

选择吊扇时，首先选择电动机的形式，常见的有罩极式和电容式。电容式具有起动转矩大、省电的特点。另外还要选择吊扇的控制方式，常见的控制形式有五挡琴键、五挡拨动式调速，无级调速，遥控调速等，需要根据预算及使用要求进行选择。
吊扇用开关基本参数：开关的最高工作电压为250V；开关的额定频率50Hz；开关的基本电阻性负载额定电流不大于4A；控制的吊扇输入功率不超过120W

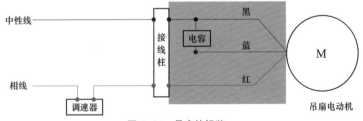

图 4-61 吊扇的组装

吊扇的组装如图 4-61 所示。为了保证安全，避免电扇运转时人手碰到扇叶，扇叶距地面的高度不应低于 2.5m。然后按接线图进行正确接线。向上托起吊杆上的护罩，将接头扣于其内，护罩应紧贴建筑物表面，拧紧固定螺钉。

　　检查吊扇的转向及调速开关是否正常，如果发现问题必须先断电，然后查找原因进行修复。吊扇的防松装置应齐全可靠。导线进入吊扇处的绝缘保护良好，留有适当余量。连接牢固紧密，不伤线芯。压板连接时压紧无松动，螺栓连接时，在同一端子上导线不超过两根，吊扇的防松垫圈等配件齐全。吊链灯的引下线整齐美观。

　　导线连接前需要剥掉绝缘层，如图 4-62 所示。

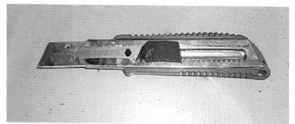

图 4-62　剥掉绝缘层的导线及工具

　　壁扇的安装方法如下：

（1）壁扇底座可采用尼龙塞或者膨胀螺栓牢靠固定。

（2）尼龙塞或膨胀螺栓的数量不应少于两个，并且直径不应小于 8mm。

（3）为避免妨碍人的活动，壁扇下侧边缘距地面的高度不宜小于 1.8m，并且底座平面的垂直偏差不宜大于 2mm。

（4）壁扇的防护罩应扣紧，固定牢靠。

（5）运转时扇叶与防护罩均没有明显的颤动、异常声响。

4.61　明管开关、插座进线的安装

　　明装插座、插头及排插如图 4-63 所示。

　　应尽量多安装固定式的开关、插座，少采用移动排插、插头。明装开关、插座进线的安装方法如图 4-64 所示。万能转换插座如图 4-65 所示。

4.62　传统日光灯改造 LED 灯管的安装

　　现在 LED 灯管逐渐在市场上普及，但是 LED 灯管与传统的荧光灯灯管是不一样的供电方式，因此安装时需要注意。现在 LED 灯管基本上都是内置电源，

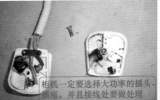

柜机一定要选择大功率的插头、插座，并且接线处要做处理

图 4-63　明装插座、插头及排插

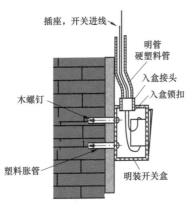

图 4-64　明管开关、插座进线的安装方法

实现2扁插转换成3插

图 4-65　万能转换插座

因此基本上可以替换原有的荧光灯。传统用的荧光灯分为电感式荧光灯和电子式荧光灯。

（1）电感式荧光灯的改造：传统荧光灯有支架、镇流器、启辉器、荧光管这四个组成部分，更换成 LED 灯管时，需要把启辉器拔掉，即可让替换上去的 LED 灯管正常使用。如果要省电的话，还需要将支架里面的镇流器短路，并且拆卸掉。

（2）电子式荧光灯的改造：改造为电子式的灯具，必须将支架里面的电子镇流器完全短路，才能让 LED 灯管正常使用。

拆卸安装时需要注意以下几点：

（1）LED 灯管与配件不能够承受太大压力，注意保管好。

（2）安装时，需要熟悉电路，避免发生触电危险。

（3）LED 灯管如有变形或者损坏，需要更换。

（4）在 LED 灯管改造时，需要把电力总闸断开，保证人身安全。

（5）LED 灯管一般要求安装在室内，安装在户外时，需要注意防雨水。

（6）LED 灯管不适合在高湿高潮的环境中使用，以免影响寿命。

4.63 明装三圆扁空调插座

明装三圆扁空调插座如图 4-66 所示。

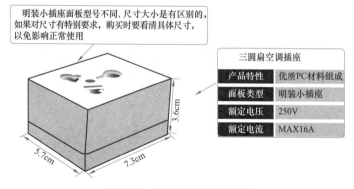

图 4-66　明装三圆扁空调插座

4.64 明装配电箱

明装配电箱就是把配电箱装到墙壁的表面上，其内部也安装了断路器，如图 4-67 所示。一般有一个总断路器与几组分路断路器，如图 4-68 所示。电线连接方法与暗装配电箱基本一样。

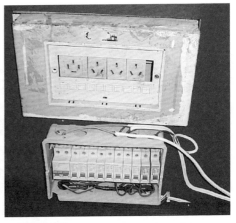

图 4-67　明装配电箱

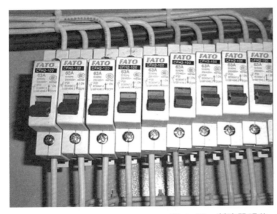

图 4-68　断路器明装

▶ 4.65 ▨ 金属线管沿墙壁水平敷设

金属线管沿墙壁水平敷设如图 4-69 所示。

▶ 4.66 ▨ 金属线管沿墙壁垂直敷设

金属线管沿墙壁垂直敷设如图 4-70 所示。

▶ 4.67 ▨ 金属线槽落地敷设

金属线槽落地敷设如图 4-71 所示。

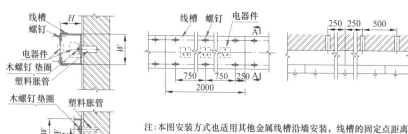

注：本图安装方式也适用其他金属线槽沿墙安装，线槽的固定点距离为500mm，当W<120mm时，每个固定点采用一个塑料胀管。当120≤W≤200mm时，每个固定点采用两个塑料胀管且交错设置。

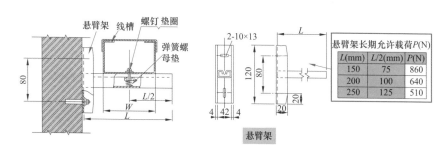

悬臂架长期允许载荷P(N)		
L(mm)	L/2(mm)	P(N)
150	75	860
200	100	640
250	125	510

悬臂架

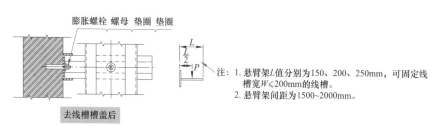

去线槽槽盖后

注：1. 悬臂架L值分别为150、200、250mm，可固定线槽宽W≤200mm的线槽。
　　2. 悬臂架间距为1500~2000mm。

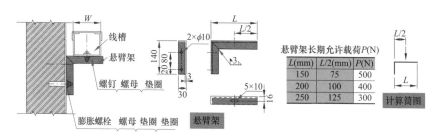

悬臂架长期允许载荷P(N)		
L(mm)	L/2(mm)	P(N)
150	75	500
200	100	400
250	125	300

悬臂架

计算简图

图 4-69　金属线管沿墙壁水平敷设

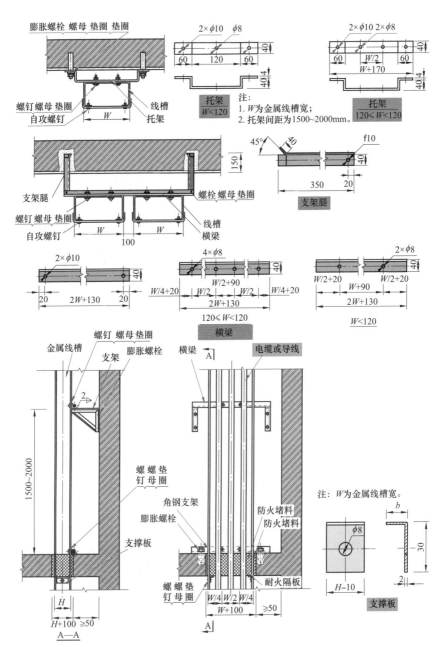

图 4-70　金属线管沿墙壁垂直敷设

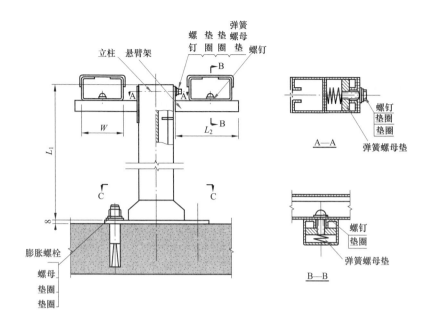

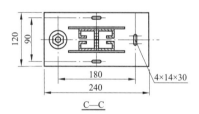

C—C

注: 1. 立柱L_1为500~1000mm，悬臂架L_2为150、200、250mm，悬壁架上可固定W≤200mm的线槽，立柱间距不大于2000mm；L_1、L_2及W值由工程设计决定。

2. 立柱上可单侧固定悬臂架，也可双侧固定悬臂架。

3. 悬臂架L_2/2处允许载荷为300N。

图 4-71 金属线槽落地敷设

4.68 金属线槽吊装敷设

金属线槽吊装敷设示意图如图 4-72 所示。

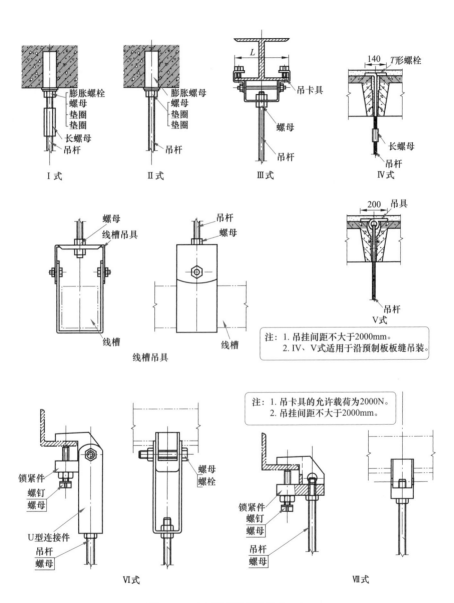

图 4-72 金属线槽吊装敷设（一）

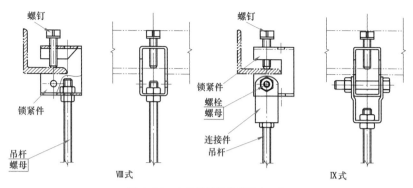

图 4-72　金属线槽吊装敷设（二）

▶ 4.69 ⧽ 金属线槽悬吊敷设

金属线槽悬吊敷设示意图如图 4-73 所示。

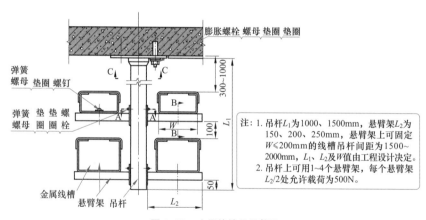

注：1. 吊杆 L_1 为 1000、1500mm，悬臂架 L_2 为 150、200、250mm，悬臂架上可固定 $W \leqslant 200$mm 的线槽吊杆间距为 1500～2000mm，L_1、L_2 及 W 值由工程设计决定。
2. 吊杆上可用 1～4 个悬臂架，每个悬臂架 $L_2/2$ 处允许载荷为 500N。

图 4-73　金属线槽悬吊敷设

▶ 4.70 ⧽ 吊装金属线槽交错敷设

吊装金属线槽交错敷设示意图如图 4-74 所示。

▶ 4.71 ⧽ 金属线槽直线敷设

金属线槽直线敷设示意图如图 4-75 所示。

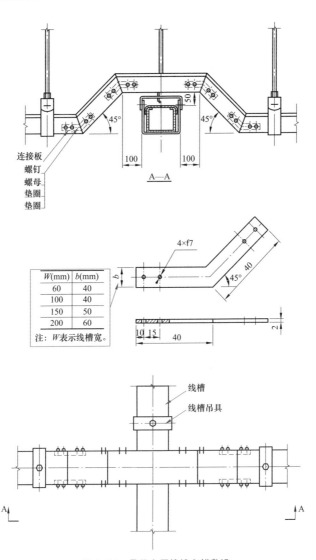

图 4-74 吊装金属线槽交错敷设

4.72 吊装金属线槽垂直敷设

吊装金属线槽垂直敷设示意图如图 4-76 所示。

4.73 吊装金属线槽垂直段的固定

吊装金属线槽垂直段固定示意图如图 4-77 所示。

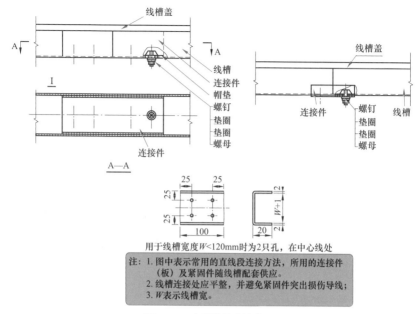

用于线槽宽度W<120mm时为2只孔，在中心线处

注：1. 图中表示常用的直线段连接方法，所用的连接件
（板）及紧固件随线槽配套供应。
2. 线槽连接处应平整，并避免紧固件突出损伤导线；
3. W表示线槽宽。

图 4-75 金属线槽直线敷设

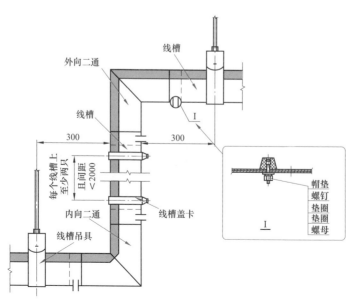

图 4-76 吊装金属线槽垂直敷设（一）

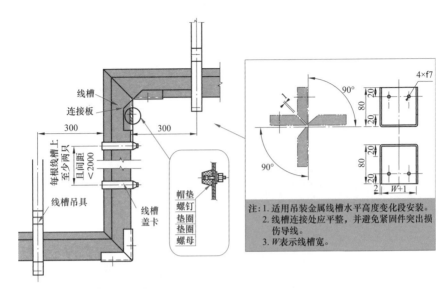

图 4-76　吊装金属线槽垂直敷设（二）

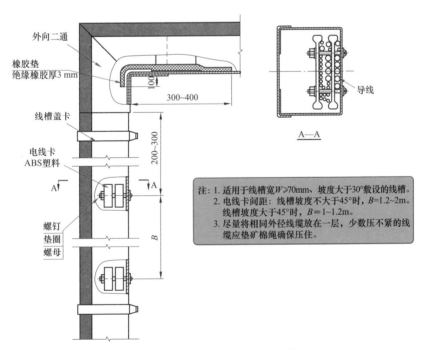

图 4-77　吊装金属线槽垂直段的固定

▶ 4.74 吊装金属线槽水平转角的敷设

吊装金属线槽水平转角敷设示意图如图 4-78 所示。

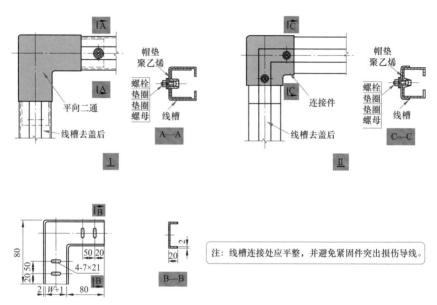

图 4-78 吊装金属线槽水平转角的敷设

▶ 4.75 吊装金属线槽 1~4 通接线盒的敷设

吊装金属线槽 1~4 通接线盒的敷设示意图如图 4-79 所示。

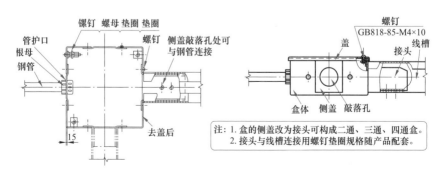

图 4-79 吊装金属线槽 1~4 通接线盒的敷设

4.76 吊装金属线槽与钢管的连接

吊装金属线槽与钢管的连接示意图如图 4-80 所示。

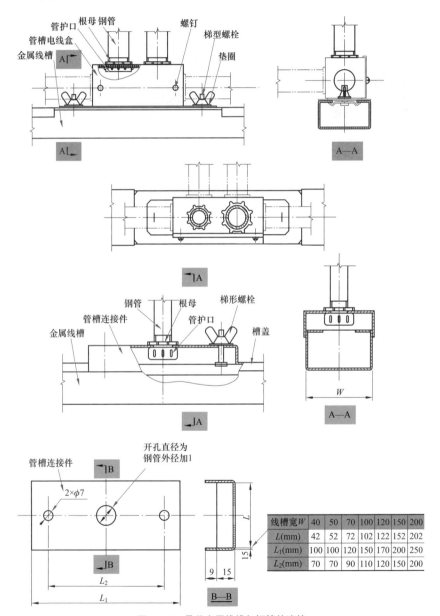

图 4-80 吊装金属线槽与钢管的连接

线槽宽W	40	50	70	100	120	150	200
L(mm)	42	52	72	102	122	152	202
L_1(mm)	100	100	120	150	170	200	250
L_2(mm)	70	70	90	110	120	150	200

4.77 塑料线管安装的规范与要求

布管要直,采用的PVC管不得有弯折痕迹,以免影响安装后的美观,如图4-81所示。

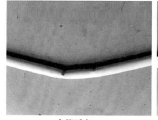

布管要直　　　　　　　　　　　　　　　　布管管端要平齐

图 4-81　布管要求

塑料线管安装要采用灵活的走线方式,如图 4-82 所示。

电线管

图 4-82　灵活的走线方式(一)

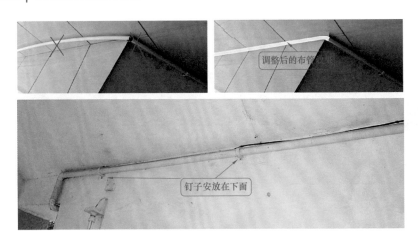

图 4-82 灵活的走线方式（二）

4.78 农村户内线走线

农村户内线走线要求与方法如图 4-83 所示。

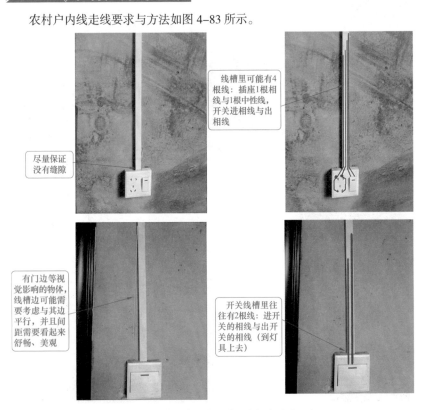

图 4-83 农村户内线走线要求与方法（一）

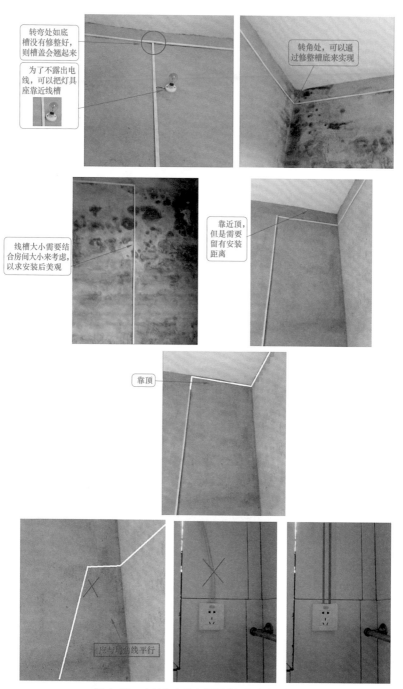

图 4-83　农村户内线走线要求与方法（二）

第 5 章

弱电与智能化明装

▶▶▶ 5.1 ▏ 超 5 类 4 对非屏蔽电缆（UTO5e）HYUTP5e-004S

超 5 类 4 对非屏蔽电缆的结构：0.511mm（24SWG- 美国线规）裸铜线、聚乙烯（HDPE）绝缘、两根绝缘导体扭绞成对、阻燃聚氯乙烯或低烟无卤聚氯乙烯护套等。

超 5 类 4 对非屏蔽电缆的特点：

（1）使用频率达到 100MHz；

（2）符合 UL 认证要求；

（3）传输速率超出 200Mbit/s；

（4）具有低烟无卤、阻燃性能；

（5）标准阻燃聚氯乙烯或低烟无卤聚氯乙烯护套电缆；

（6）支持 100BaseT、ATM、快速以太网、令牌环、TP-PMD 语音、电话、多媒体。

超 5 类 4 对非屏蔽电缆标准：美国 ANSI/TIA/EIA—568A、YD/T1019—2001。

超 5 类 4 对非屏蔽电缆的用途：数字通信水平对绞电缆可以应用于大楼综合布线系统中工作区通信引出端与交接间的配线架间的布线，以及住宅综合布线系统的用户通信引出端到配线架间的布线。有的超 5 类 4 对非屏蔽电缆可以满足于155MHz 的数据通信，在 100MHz 的系统应用中支持双工应用，同时为系统提供8MHz 以上的带宽余量。

超 5 类 4 对非屏蔽线缆的性能见表 5-1。

表 5-1　　　　　　　　　　超 5 类 4 对非屏蔽线缆的性能

频率（MHz）	回波损耗（不小于，dB）	衰减（不大于，dB/100m）	近端串音（不小于，dB）	近端串音功率和（不小于，dB）	等电平远端串音（不小于，dB）	特性阻抗（Ω）
1	20.0	2.0	65.3	62.3	64.0	100 ± 15
4	23.0	4.1	56.3	53.3	52.0	100 ± 15
8	24.5	5.8	51.8	48.8	45.9	100 ± 15
10	25.0	6.5	50.3	47.3	44.0	100 ± 15
16	25.0	8.2	47.3	44.3	39.9	100 ± 15
20	25.0	9.3	45.8	42.8	38.0	100 ± 15
25	24.3	10.4	44.3	41.3	36.0	100 ± 15
31.25	23.6	11.7	42.9	39.3	34.1	100 ± 15
62.5	21.5	17.0	38.4	35.4	28.1	100 ± 15
100	20.1	22.0	35.3	32.3	24.0	100 ± 15

5.2　5 类 4 对非屏蔽电缆（UTP5）HYUTP5-004S

5 类 4 对非屏蔽电缆的结构：0.511mm（24SWG- 美国线规）裸铜线、聚乙烯（HDPE）绝缘、两根绝缘导体扭绞成对、阻燃聚氯乙烯或低烟无卤聚氯乙烯护套。

5 类 4 对非屏蔽电缆的特点：

（1）使用频率达到 100MHz；

（2）符合 UL 认证要求；

（3）传输速率超出 155Mbit/s；

（4）标准阻燃聚氯乙烯或低烟无卤聚氯乙烯护套电缆；

（5）支持 10BaseT、100BaseT、ATM、快速以太网、令牌环、TP-PMD 语音、电话、多媒体；

（6）防止电磁干扰，提高线路使用寿命，提高网络效率。

5 类 4 对非屏蔽电缆标准：美国 ANSI/TIA/EIA-568A、YD/T1019-2001。

5 类 4 对非屏蔽电缆的用途：数字通信水平对绞电缆可以应用于大楼综合布线系统中工作区通信引出端与交接间的配线架间的布线，以及住宅综合布线系统的用户通信引出端到配线架间的布线，满足于 100MHz 的数据通信。

5 类 4 对非屏蔽电缆的性能见表 5-2。

表 5-2　　　　　　　　　　　5 类 4 对非屏蔽电缆的性能

频率 （MHz）	回波损耗 （不小于，dB）	衰减 （不大于，dB/100m）	近端串音 （不小于，dB）
1	17.0	2.0	62.3
4	18.8	4.1	53.3
8	19.7	5.8	48.8
10	20.0	6.5	47.3
16	20.0	8.2	44.3
20	20.0	9.3	42.8
25	19.3	10.4	41.3
31.25	18.6	11.7	39.9
62.5	16.5	17.0	35.4
100	15.1	22.0	32.3

5.3　6 类 4 对非屏蔽电缆（UTP6）HYUTP6-004S

6 类 4 对非屏蔽电缆的结构：0.60mm 裸铜线、聚乙烯（HDPE）绝缘、阻燃聚氯乙烯或低烟无卤聚氯乙烯护套。

6 类 4 对非屏蔽电缆的特点及用途：数字通信水平对绞电缆，可以应用于大楼综合布线系统中工作区通信引出端与交接间的配线架间的布线，以及住宅综合布线系统的用户通信引出端到配线架间的布线，也可以应用于高速局域网，满足于 250Mbit/s 信道带宽的通信。

5.4 数字通信用实心聚烯烃绝缘水平对绞电缆

数字通信用实心聚烯烃绝缘水平对绞电缆主要适用于大楼通信系统中工作区通信引出端与交接间的配线架间的布线，以及住宅综合布线系统的用户通信引出端到配线架间的布线。

对于 100Ω 电缆，根据最高传输频率分为以下几类：

（1）3 类（CAT3）电缆，16MHz；

（2）4 类（CAT4）电缆，20MHz；

（3）5 类（CAT5）电缆，100MHz；

（4）超 5 类（CAT5e）电缆，100MHz，支持双工；

（5）6 类（CAT6）电缆，250MHz。

电缆的型式代号如图 5-1 所示。

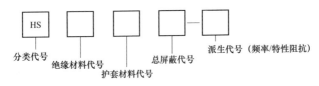

分类代号　绝缘材料代号　护套材料代号　总屏蔽代号　派生代号（频率/特性阻抗）

图 5-1　电缆的型式代号

电缆型式代号及含义见表 5-3。

表 5-3　　　　　　　　　　　　电缆型式代号及含义

分类		绝缘材料		护套材料		总屏蔽		最高传输频率		特性阻抗	
代号	含义	代号	含义	代号	含义	代号	含义	代号	含义	代号	含义
HS	数字通信用水平对绞电缆	Y	实心聚烯烃	V	聚氯乙烯	省略	无	3 4 5 5e 6	16MHz 20MHz 100MHz 100MHz（双工） 250MHz	省略	100Ω
		Z	低烟无卤阻燃聚烯烃	Z	低烟无卤阻燃聚烯烃						
		W	聚全氟乙丙烯	W	含氟聚合物	P	有	省略	300MHz	150	150Ω

注　1. 实心铜导体代号省略。
　　2. 实心聚烯烃包含聚丙烯（PP）、低密底聚乙烯（LDPE）、中密度聚乙烯（MDPE）、高密度聚乙烯（HDPE）。
　　3. 低烟无卤阻燃聚烯烃简称 LSNHP。
　　4. 聚全氟乙丙烯缩写代号为 FEP。

非屏蔽线对和屏蔽线对的规格代号如图 5-2 所示。

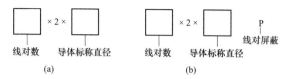

图 5-2　非屏蔽线对和屏蔽线对的规格代号
(a) 非屏蔽线对的规格代号；(b) 屏蔽线对的规格代号

民用建筑中电线电缆主要型式及使用场合见表 5-4。

表 5-4 民用建筑中电线电缆主要型式及使用场合

护套型式及使用场合		绝缘型式		
		实心聚烯烃绝缘	低烟无卤阻燃聚烯烃绝缘	聚全氟乙丙烯绝缘
护套型式	聚氯乙烯护套	HSYV HSYVP	HSZV HSZVP	HSWV① HSWVP①
	低烟无卤阻燃聚烯烃护套	HSYZ HSYZP	HSZZ HSZZP	—
	含氟聚合物护套	—	—	HSWW HSWWP
使用场合		钢管或阻燃硬质 PVC 管内	除空调通风管道内的其他场合	各种场合均适用（包括吊顶、空调通风管道内及夹层地板中）

① 对于聚全氟乙丙烯绝缘的电缆，应采用低烟阻燃聚氯乙烯护套材料。

100Ω 和 150Ω 电缆规格见表 5-5 和表 5-6。

表 5-5 100Ω 电缆规格

电缆类别	3 类	4 类	5 类		5e 类		6 类	
导体标称直径①（mm）	0.5	0.5	0.5	0.6	0.5	0.6	0.5	0.6
标称屏蔽线对数	4	4	4	4	4	4	4	4
	8	8	8	—	—	—	—	—
	16	16	16	—	—	—	—	—
	24	24	24	—	—	—	—	—
	25	25	25	—	—	—	—	—

① 为满足电缆电气性能，导体实际直径可以大于导体标称直径。

表 5-6   150Ω 电缆规格

导体标称直径（mm）	0.64
标称屏蔽线对数	2

注　用户要求时，也可采用其他对数或采用非屏蔽线对。

数字通信用实心聚烯烃绝缘水平对绞电缆规格见表 5-7。

表 5-7   数字通信用实心聚烯烃绝缘水平对绞电缆规格

名称及规格	外径（mm）
5 类 2 对非屏蔽双绞线	4.3
5 类 4 对非屏蔽双绞线	5.5
5 类 4 对单屏蔽双绞线	6.0
5 类 4 对非屏蔽阻水型双绞线	7.0
5 类 4 对单屏蔽阻水型双绞线	8.0
5 类 8 对非屏蔽双绞线	7.5
5 类 16 对非屏蔽双绞线	10.5
5 类 25 对非屏蔽双绞线	12.5

100Ω 电缆的衰减见表 5-8。

表 5-8   100Ω 电缆的衰减   单位：dB/100m

电缆类别		3 类	4 类	5 类	5e 类	6 类
导线标称直径（mm）		0.4 或 0.5	0.5	0.5	0.5	> 0.5
频率（MHz）	0.064	0.9	0.8	0.8	0.8	—
	0.256	1.3	1.1	1.1	1.1	—
	0.512	1.8	1.5	1.5	1.5	—
	0.772	2.2	1.9	1.8	1.8	1.6
	1	2.6	2.1	2.0	2.0	1.9
	4	5.6	4.3	4.1	4.1	3.7
	10	9.7	6.9	6.5	6.5	5.9
	16	13.1	8.9	8.2	8.2	7.5
	20	—	10.0	9.2	9.2	8.4
	31.25	—	—	11.7	11.7	10.6
	62.5	—	—	17.0	17.0	15.4
	100	—	—	22.0	22.0	19.8
	200	—	—	—	—	29.0
	250	—	—	—	—	32.8

100Ω 电缆的近端串音衰减见表 5–9。

表 5–9		100Ω 电缆的近端串音衰减			单位：dB/100m	
电缆类别		3 类	4 类	5 类	5e 类	6 类
频率（MHz）	0.772	43	58	64	67	76
	1	41	56	62	65	74
	4	32	47	53	56	65
	10	26	41	47	50	59
	16	23	38	44	47	56
	20	—	37	43	46	55
	31.25	—	—	40	43	52
	62.5	—	—	35	38	47
	100	—	—	32	35	44
	200	—	—	—	—	40
	250	—	—	—	—	38

100Ω 电缆的等电平远端串音衰减见表 5–10。

表 5–10		100Ω 电缆的等电平远端串音衰减			单位：dB/100m	
电缆类别		3 类	4 类	5 类	5e 类	6 类
频率（MHz）	1	39	55	61	64	68
	4	27	43	49	52	56
	10	19	35	41	44	48
	16	15	31	37	40	44
	20	—	29	35	38	42
	31.25	—	—	31	34	38
	62.5	—	—	25	28	32
	100	—	—	21	24	28
	200	—	—	—	—	22
	250	—	—	—	—	20

▶▶ 5.5 室内电话通信电缆——二芯电话线、四芯电话线

室内电话通信电缆结构：无氧裸铜线、聚乙烯（HDPE）绝缘、白色 PVC 护套。

室内电话通信电缆的用途：电缆采用对绞或星绞方式成缆，可以用于电话通信布线系统楼层布线架至用户电话出口间的连接，也可用于程控交换机分机间的连接及其他通信设备间的互联，用于用户终端电话、传真、数字电话、楼宇可视对讲系统。在环境干扰严重的区域，布线系统中使用带屏蔽的电话通信电缆。

室内电话通信电缆的规格见表 5-11。

表 5-11　　　　　　　　　室内电话通信电缆的规格

型号规格	导体直径（mm）	绝缘直径（mm）	屏蔽	成品直径（mm）
HBYV–J2×0.5	0.50	0.91	无	3.3
HBYV–J2×0.45	0.45	0.88	无	3.0
HBYV–4×0.5	0.50	0.91	无	3.5
HBYV–4×0.45	0.45	0.88	无	3.3

电话通信电缆常采用低频通信电缆电线实心导体聚氯乙烯绝缘聚酰胺外皮局用配线。

实心导体聚氯乙烯绝缘聚酰胺外皮局用配线的规格见表 5-12。

表 5-12　　　　实心导体聚氯乙烯绝缘聚酰胺外皮局用配线的规格

型式	导体标称直径（mm）																			
	0.4					0.5					0.6					0.8				
HJVN	单芯线	对线组	三线组	四线组	五线组	单芯线	对线组	三线组	四线组	五线组	单芯线	对线组	三线组	四线组	五线组	单芯线	对线组	三线组	四线组	五线组

低频通信电缆电线实心导体聚氯乙烯绝缘聚酰胺外皮局用配线绝缘导体最大外径见表 5-13。

表 5-13　　　　　　　　绝缘导体的最大外径　　　　　　　单位：mm

导体标称直径	0.4	0.5	0.6	0.8
绝缘导体最大外径	1.25	1.35	1.45	1.95

实心导体聚氯乙烯绝缘聚酰胺外皮局用配线结构如图 5-3 所示。

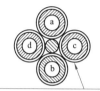

绞合四线组和五线组配线时，应使用非吸湿性的中心填充物

图 5-3　实心导体聚氯乙烯绝缘聚酰胺外皮局用配线结构

实心导体聚氯乙烯绝缘聚酰胺外皮局用配线最大绞合节距见表 5-14。

表 5-14　　实心导体聚氯乙烯绝缘聚酰胺外皮局用配线的最大绞合节距　　　　单位：mm

配　线	导体标称直径			
	0.4	0.5	0.6	0.8
	最大绞合节距			
对线组配线	40	50	60	80
三线组配线	47	58	70	93
四线组配线	57	71	85	113
五线组配线	67	83	100	133

注　绞合节距测量应在至少 10 个节距长度试样上进行，取其平均值。

电话通信电缆的规格见表 5-15。

表 5-15　　　　　　　　　　电话通信电缆规格

名称	型号规格	外径（mm）
二芯室内电话通信电缆	HYV-2×0.4	2.8
二芯室内电话通信电缆	HYV-2×0.5	3.1
四芯室内电话通信电缆	HYV-4×0.4	3.2

续表

名称	型号规格	外径（mm）
四芯室内电话通信电缆	HYV-4×0.5	3.5
四芯屏蔽室内电话通信电缆	HYVP-4×0.4	4.0
四芯屏蔽室内电话通信电缆	HYVP-4×0.5	4.0

注 一般为100m/卷或者200m/卷。

市内电话电缆的选择见表5-16。

表5-16　　　　　　　　　　市内电话电缆的选择

HYT 电话电缆规格	成品外径(mm)	质量（kg/km）	HYT 电话电缆规格	成品外径(mm)	质量（kg/km）
10×2×0.5	11	119	20×2×0.4	12	134
20×2×0.5	13	179	30×2×0.4	13	179
30×2×0.5	14	238	50×2×0.4	14	253
50×2×0.5	17	357	100×2×0.4	18	417
100×2×0.5	22	640	200×2×0.4	24	774
200×2×0.5	30	1176	300×2×0.4	28	1131
300×2×0.5	36	1667	400×2×0.4	33	1458
400×2×0.5	41	2217	600×2×0.4	41	2143
600×2×0.5	48	3229	1200×2×0.4	56	4077
1200×2×0.5	66	6190	1800×2×0.4	66	5967
10×2×0.4	10	91	2400×2×0.4	76	800

同轴电缆的规格见表5-17。

表5-17　　　　　　　　　　同轴电缆的规格

	型号	SYV-75-3	SYV-75-5-1	SYV-75-5-2	SYV-75-7	SYV-75-9	SDV-75-5-4	SDV-75-7-4
电缆	外径（mm）	5	7.1	7.1	10.2	12.4	4.6	10.0
	横截面积（mm²）	20	40	40	82	121	17	79

HYV-2×0.5全塑电话电缆的规格见表5-18。

表 5-18 HYV-2×0.5 全塑电话电缆的规格

	对数	5	10	15	20	25	30	40	50	80	100	150	200	300	400
全塑电话电缆 HYV-2X0.5	外径（mm）	9	11	12	13	14	15	17	19	23	25	31	35	41	47
	横截面积（mm²）	64	95	113	133	154	177	227	284	415	491	755	962	1320	1735

5.6 实心聚乙烯绝缘射频电缆

实心聚乙烯绝缘射频电缆的系列和名称见表 5-19。

表 5-19 实心聚乙烯绝缘射频电缆的系列和名称

系　列	名　　称
SYV	实心聚乙烯绝缘聚氯乙烯护套射频同轴电缆
SEYV	实心聚乙烯绝缘聚氯乙烯护套射频对称电缆

各种型号的实心聚乙烯绝缘射频电缆如图 5-4 所示。

SYV-75 型实心聚乙烯绝缘射频同轴电缆适用于无线电通信和采用类似技术的电子装置。一般为 100m/ 卷、200m/ 卷。

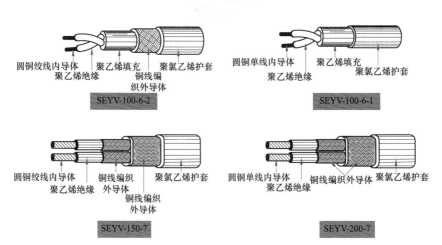

图 5-4 各种型号的实心聚乙烯绝缘射频电缆

SYV-75 型实心聚乙烯绝缘射频电缆允许最小弯曲半径：室内使用时不小于 5 倍电缆外径，室外使用时不小于 10 倍电缆外径。其规格见表 5-20。

表 5-20　　　　　　　　SYV-75 型实心聚乙烯绝缘射频电缆的规格

型号	内导体标称直径(mm)	编织根数 / 直径(mm)	外径（mm）
SYV-75-3	1/0.50	TC 96/0.10	5.0
	7/0.18	BC 96/0.12	
SYV-75-5	1/0.80	BC 96/0.10	7.0
	16/0.20		
SYV-75-5	1/0.08	BC 128/0.10	
	16/0.20		
	1/0.80	BC 128/0.12	
SYV-75-7	1/1.20	BC 144/0.10	9.8
电梯用 TSYV-75-3	25/0.10	BC 160/0.10	14.1/6.1

物理发泡聚乙烯绝缘同轴电缆适用于有线电视系统干线、分支线和用户线及其他类似电子设备、装置。

有线电视系统用物理发泡聚乙烯绝缘同轴电缆如图 5-5 所示。

型号　含义：S—分类代号； 　　　　YVV—聚乙烯物理发泡绝缘代号； 　　　　V—聚氯乙烯护套代号 　　　　　（Y代表聚乙烯护套）； 　　　　75—特性阻抗（Ω）； 　　　　5—绝缘直径（mm）； 　　　　I—结构序号。			
内导体 材料	屏蔽编织网		
	材料	根数	结构
T—铜 S—铜包钢 A—铜包铝	L—铝镁合金 T—铜 D—镀锡铜 A—铜包铝	数字 表示	省略—单层编织网 /2—双层编织网

图 5-5　有线电视系统用物理发泡聚乙烯绝缘同轴电缆

SYWV（Y）-75 型物理发泡聚乙烯绝缘电缆的结构：电缆内导体有纯铜线、铜包钢、铜包铝，外导体为铝塑复合带加镀锡铜线、裸铜线、铝镁合金线编制，介质与内导体相互牢固结合，当温度变化或电缆受拉压时，介质与导体间不会发生相对移动。

SYWV（Y）-75 型物理发泡聚乙烯绝缘电缆的特点：SYWV（Y）-75 型物理发泡聚乙烯绝缘电缆是一种具有很低损耗的电缆，它是通过氮气注入使介质发泡，选择适当的工艺参数可形成很小的相互封闭的气孔。该种介质不易老化、不易受潮。

SYWV（Y）-75 型物理发泡聚乙烯绝缘电缆使用的标准：GY/T 135—1998。

SYWV（Y）-75 型物理发泡聚乙烯绝缘电缆的用途：SYWV（Y）-75 型物理发泡聚乙烯绝缘电缆的衰减比同尺寸的其他射频电缆小，可以用于 CATV 闭路电视系统、传输高频、超高频信号，也可以用于数据传输网络，进行数据传输。

电视电缆的规格见表 5-21。

表 5-21　　　　　　　　　　　　　　电视电缆的规格

电缆名称	电缆型号	成品外径（mm）	最小弯曲半径（mm）	质量（kg/km）	衰减常数（dB/km）		用途
					200MHz	800MHz	
聚氯乙烯实心电缆	SYV-75-5-1	7.1	71	76.6	190	360	分支线
聚氯乙烯实心电缆	STV-75-9	12.4	124	212.6	104	222	分配干线
聚氯乙烯实心电缆	SYV-75-12	15	150	301.6	96.8	207	室外干线
聚氯乙烯实心电缆	SYV-75-15	19	190	445	79.3	120	室外干线
聚氯乙烯藕心电缆	SYKV-75-5	7.1	35.5	57.6	105	223	分支线
聚氯乙烯藕心电缆	SYKV-75-7	10.2	51	98.6	71	152	分支线
聚氯乙烯藕心电缆	SYKV-75-9	12.4	124	114.7	57	145	分配干线
聚氯乙烯藕心电缆	SYKV-75-12	15	150	183.3	47	104	室外干线
垫片式空心自承电缆	SYDYC-75-9.5	14.5	400	345	40	180	架空干线
垫片式空心电缆	SYDV-75-4.4	8.3	200	90	80	160	分支线分配线
垫片式空心电缆	SYDV-75-9.5	14	300	240	40	80	分配干线

5.7 音响系统连接线

高保真广播音响系统连接线主要用于功率放大器与音响设备间的音频信号传输布线，适用于公共广播、会议室、大厅、背景音乐、舞台音响、卡拉OK系统和家庭多媒体系统等音响工程，其规格见表5-22。

表5-22　　　　　　　　　音响系统连接线的规格

型号规格	导体绞合芯数/直径（mm）	20℃时最大导体电阻（Ω/km）	70℃时最小绝缘电阻（MΩ·km）	包装
ETB 2 × 0.5mm^2	100 / 0.08	39.0	0.012	
ETB 2 × 0.75 mm^2	150 / 0.08	26.0	0.011	
ETB 2 × 1.0 mm^2	200 / 0.08	19.5	0.010	
ETB 2 × 1.5 mm^2	300 / 0.08	13.3	0.009	100m/卷
ETB 2 × 2.0 mm^2	400 / 0.08	9.75		
ETB 2 × 2.5 mm^2	500 / 0.08	7.80	0.008	
ETB 2 × 3.0 mm^2	600 / 0.08	6.50		

音响线和庭院音响如图5-6所示。

图5-6　音响线和庭院音响

庭院音响走明线，增设的监控线明走也这样安放，如图5-7所示。

5.8 弱电线路进户

实际安装中发现一些楼房弱电线路进户安装比较粗糙，主要是布局不规范、不美观，打孔后不对孔进行"装饰"，如图5-8所示。

图 5-7　庭院音响走明线

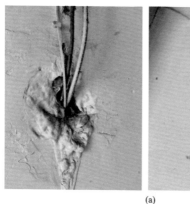

(a)

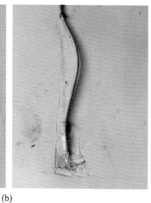
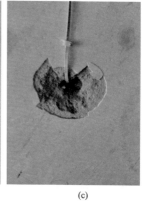

(b)　　　　　　　　　　　　　　　　　　(c)

图 5-8　弱电进线安装比较粗糙的示例

(a) 电视线与网络线；(b) 电视线；(c) 网络线

5.9 弱电线路固定

实际安装中，明装电视线与网络线、电话线大多采用线卡固定。线卡固定时，需要把线理直安直，转弯弧度要美观，如图 5-9 所示。

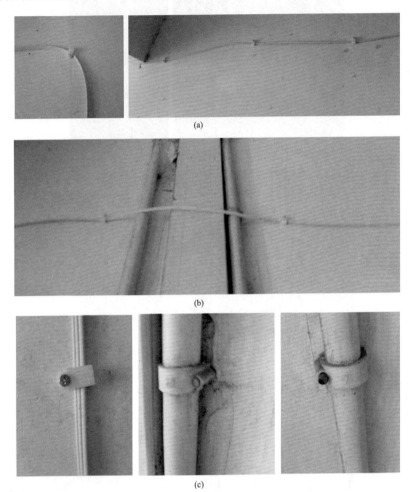

(a)

(b)

(c)

图 5-9　线卡固定的示例
(a)、(b) 需要改进 ；(c) 安装比较规范

5.10 弱电配电箱的布置

了解弱电配电箱的布置，有利于从弱电源头进行弱电改造和后续布线布管工作的顺利进行。强弱电配电箱的布置示例见图 5-10、图 5-11。

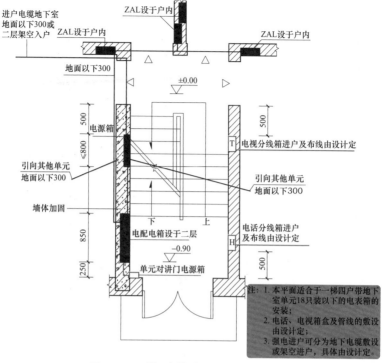

图 5-10　一梯四户楼梯间强弱电配电箱布置

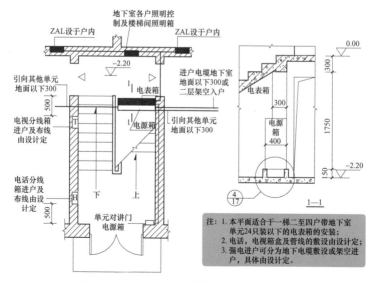

图 5-11　一梯二至四户楼梯间强弱电配电箱布置

实际中的弱电线路进户情况如图 5-12 所示。

图 5-12　弱电线路进户的实际情况

5.11 单元电子对讲门布置

单元电子对讲门布置如图 5-13 所示。

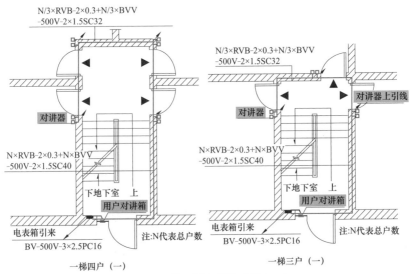

图 5-13　单元电子对讲门布置（一）

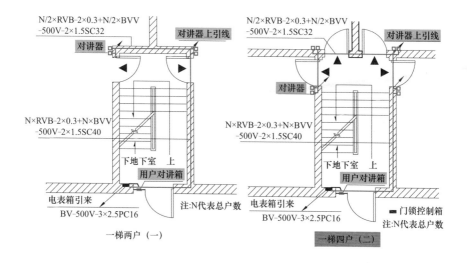

图 5-13 单元电子对讲门布置（二）

单元电子对讲门布置立面如图 5-14 所示。

5.12 单元电子对讲门系统

单元电子对讲门系统如图 5-15 所示。

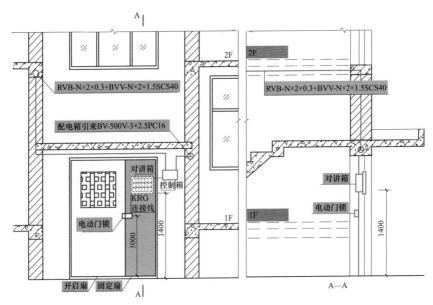

图 5-14　单元电子对讲门布置立面

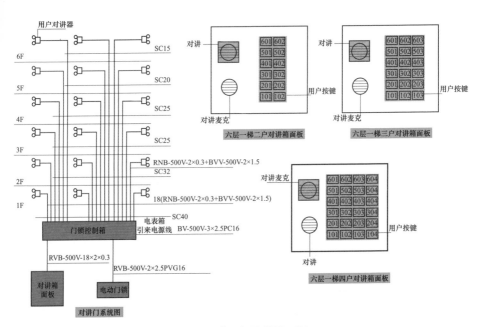

图 5-15　单元电子对讲门系统

5.13 楼梯间弱电线路与管路敷设

楼梯间弱电与管路敷设情况如图 5-16 和图 5-17 所示。

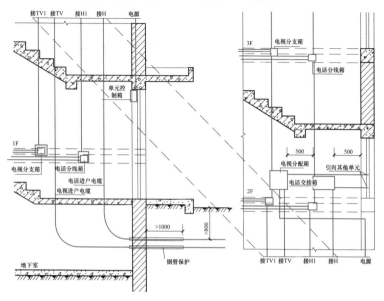

图 5-16 弱电地下进户及箱体安装线路敷设示意图

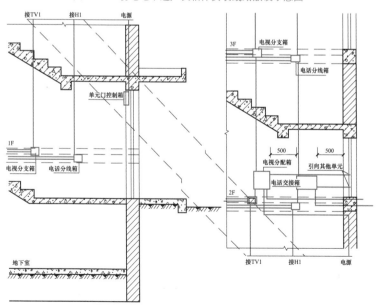

图 5-17 弱电架空进户及箱体安装线路敷设示意图

弱电进户及箱体安装线路敷设详图如图 5-18 所示。

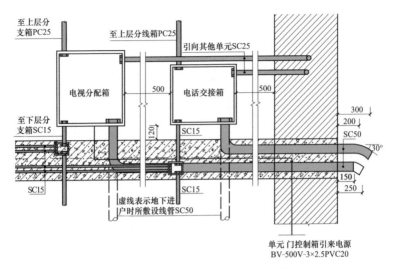

图 5-18　弱电进户及箱体安装线路敷设详图

5.14　电话系统

电话系统如图 5-19~ 图 5-21 所示。

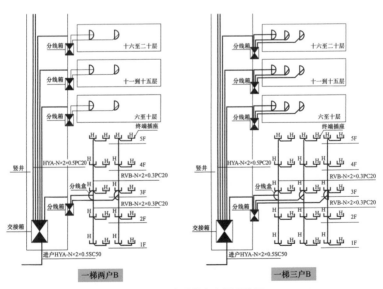

图 5-19　高层住宅电话系统图

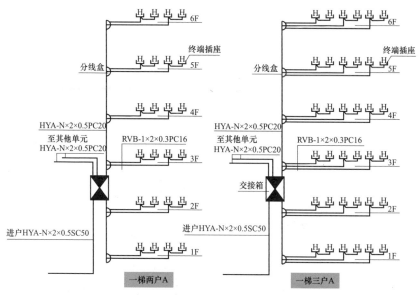

图 5-20　多层住宅电话系统图

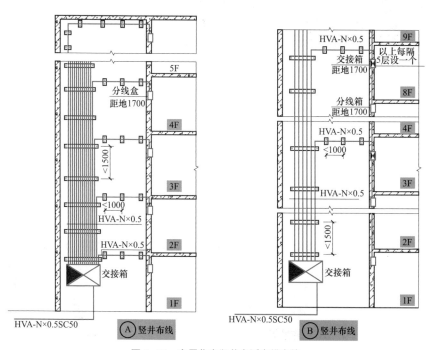

图 5-21　高层住宅竖井电话电缆布线

5.15 电话插座

明装电话插座与通用强电明装底盒不一定能配套使用，如图 5-22 所示。

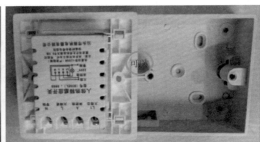

图 5-22　不能够配套使用的明装电话插座与通用强电明装底盒

5.16 网络线户外线路

实际中的网络线户外线路一般由营运商完成布线。由于用户可以在不同的营运商间选择、变更，因此实际中的网络线户外线路比较乱，在户内安装接入点时，一定要考虑能够多家营运商接驳，以及不需要改动已经装好的户内线路。另外，户外线路要求尽量规范、美观。网络线户外线路如图 5-23 所示。

图 5-23　网络线户外线路

5.17 ◇◇◇ 有线电视分配模式

有线电视分配模式如图 5-24 所示。

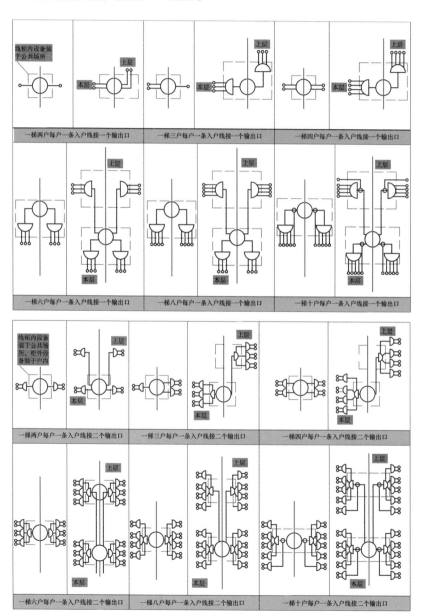

图 5-24 有线电视分配模式（一）

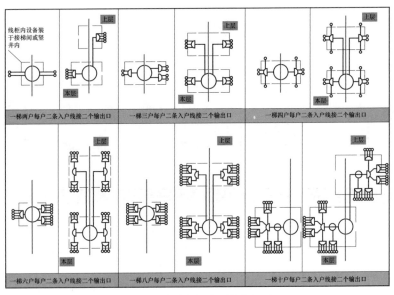

图 5-24　有线电视分配模式（二）

5.18 有线电视系统

有线电视系统示意如图 5-25 所示。

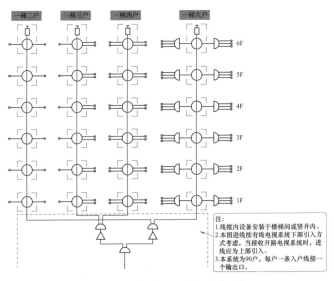

注:
1.线框内设备安装于楼梯间或竖井内。
2.本图进线按有线电视系统下部引入方式考虑,当接收开路电视系统时,进线应为上部引入。
3.本系统为90户,每户一条入户线接一个输出口。

图 5-25　有线电视系统示意（一）

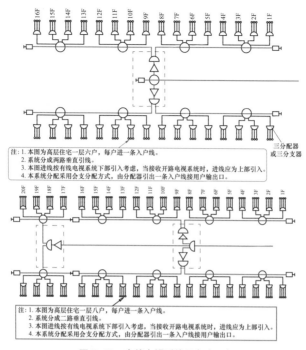

图 5-25　有线电视系统示意（二）

5.19 有线电视用户终端盒的接线

有线电视用户终端盒的接线如图 5-26 所示。

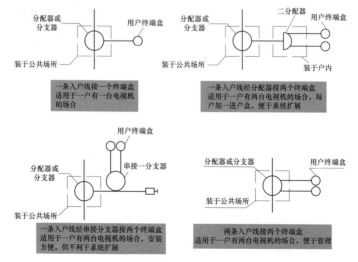

图 5-26　有线电视用户终端盒的接线（一）

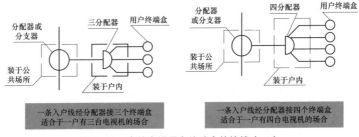

图 5-26　有线电视用户终端盒的接线（二）

5.20 户内电视线的敷设和连接

1. 电视线明装示意

电视线明装也要讲究美观，一般需要沿角、沿顶等边沿进行。另外，电视线直裸明装，没有电视线加保护管／槽明装美观，如图 5-27 所示。

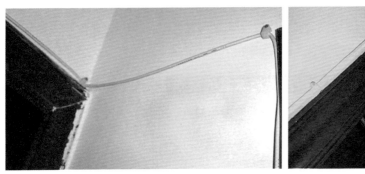

图 5-27　户内电视线安装示意

2. 电视连接示意

户内电视连接示意如图 5-28 所示。

图 5-28　户内电视连接示意（一）

在墙体上安装电视机时，确保不要将电源和信号电缆悬挂在电视机的后面，这可能会引发火灾或触电事故

将建筑物内外之间的天线电缆折弯，以避免雨水流入。雨水进入可能会使产品内部受到雨水损坏，从而引发触电事故

图 5-28　户内电视连接示意（二）

农村地区采用的室外天线如图 5-29 所示。

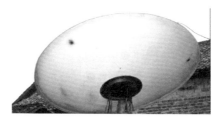

图 5-29　室外天线

3. 天线隔离器的连接方法

天线隔离器的连接方法如图 5-30 所示。

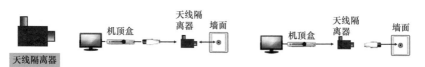

图 5-30　天线隔离器的连接方法

4. 电视常见接口连接

电视常见接口连接如图 5-31 所示。

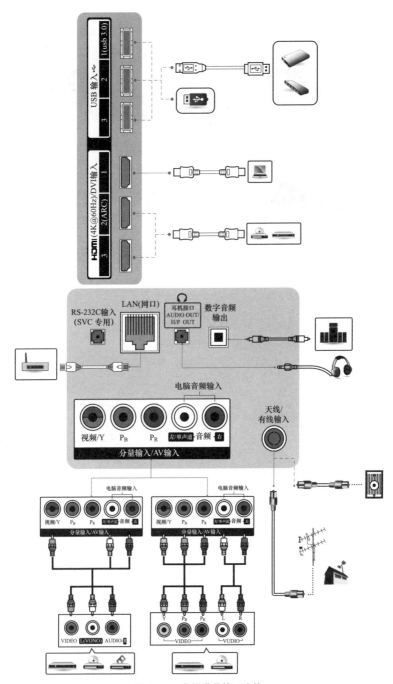

图 5-31　电视常见接口连接

第 6 章

给 水 明 装

6.1 建筑给水、排水及采暖工程分部、分项工程的划分

建筑给水、排水及采暖工程分部、分项工程的划分见表 6-1。

表 6-1　　建筑给水、排水及采暖工程分部、分项工程的划分

分部工程	子分部工程	分项工程
建筑给水、排水及采暖工程	室内给水系统	给水管道及配件安装、室内消火栓系统安装、给水设备安装、管道防腐、绝热
	室内排水系统	排水管道及配件安装、雨水管道及配件安装
	室内热水供应系统	管道及配件安装、辅助设备安装、防腐、绝热
	卫生器具安装	卫生器具安装、卫生器具给水配件安装、卫生器具排水管道安装
	室内采暖系统	管道及配件安装、辅助设备及散热器安装、金属辐射板安装、低温热水地板辐射采暖系统安装、系统水压试验及调试、防腐、绝热
	室外水系统	给水管道安装、消防水泵接合器及室外消火栓安装、管沟及井池
	室外给水管网	排水管道安装、排水沟与井池
	室外供热管网	管道及配件安装、系统水压试验及调试、防腐、绝热
	建筑中水系统及游泳池系统	建筑中水系统管道及辅助设备安装、游泳池水系统安装
	供热锅炉及辅助设备安装	锅炉安装、辅助设备及管道安装、安全附件安装、烘炉、煮炉和试运行、换热站安装、防腐、绝热

6.2 生料带的使用

管接头的密封有生料带密封、密封胶密封等类型，如图 6-1 所示。

生料带是水暖安装中常用的一种辅助用品，用于管件连接处，增强管道连接处的密封性，适用于龙头软管、拖把池龙头、洗衣机龙头、角阀、花洒、热水器

生料带密封

管接头生料带的密封要注意：
- 上生料带前要对接头螺纹时行清洁
- 上生料带的方向为顺时针
- 生料带不能超出接头螺纹端部
- 生料带剪断后，要紧贴螺纹

图 6-1　生料带和密封胶（一）

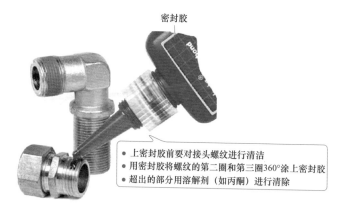

密封胶

● 上密封胶前要对接头螺纹进行清洁
● 用密封胶将螺纹的第二圈和第三圈360°涂上密封胶
● 超出的部分用溶解剂（如丙酮）进行清除

图 6-1　生料带和密封胶（二）

软管等。有的生料带可以在 -180~+250℃长期使用，并适用于强氧化剂、氧气、煤气及各种化学腐蚀性介质的管道。生料带的分类如图 6-2 所示。生料带的缠绕方向如图 6-3 所示。

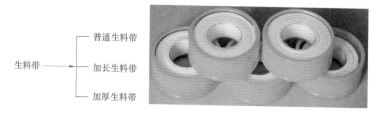

生料带 —— 普通生料带

加长生料带

加厚生料带

图 6-2　生料带的分类

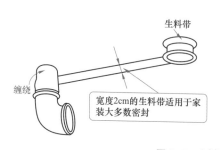

生料带

缠绕

宽度2cm的生料带适用于家装大多数密封

生料带缠绕方向最好与拧紧螺纹旋向相同

图 6-3　生料带的缠绕方向

▶ 6.3 管接口密封胶的使用

密封胶的种类见表 6-2。

表6-2   密封胶的种类

种 类	特 性
普通密封胶	（1）使用温度 –53~+77℃； （2）固化时间 24 小时（室温）； （3）质保期一年； （4）使用时的温度低于 110℃； （5）耐压 680bar（1bar=10^5Pa）； （6）储藏温度 7~29℃
特殊密封胶	红色：耐高温 816℃； 绿色：耐温 204℃； 黑色：用于真空系统，耐温 204℃

管接口密封胶示意如图 6-4 所示。

管接口密封胶

管接口密封胶

图 6-4   管接口密封胶示意

6.4 各种室内给水管材的主要特点

各种室内给水管材的主要特点见表 6-3。

表6-3   各种室内给水管材的主要特点

项目	铝塑复合管	聚氯乙烯管 PVC–U	镀锌钢管	聚丙烯管 PPR
安全卫生	好	一般	差	好
热水系统	可以，$t<75°$	不可以	不可以	可以
安装难度	易	容易	一般	容易
连接方式	铜管件挤压	粘接或胶圈	螺纹	热熔或电熔
安装可靠	一般	较好	一般	好
尺寸稳定性	高	低	高	较高
抗冲击	强	一般	很强	较强
使用年限	长	较长	低	长
维修	不方便	较方便	方便	较方便
主要缺点	管道连接采用铜管件，水头损失大，使用时尽量减少管件量。管件易漏水	硬度低、耐热性差、老化、膨胀系数大	易腐蚀、不卫生，属淘汰产品，国家已限时禁用	硬度低、刚性差，长时间曝晒，成分易分解。室外明敷须有保护措施
适用场所注意事项	小口径冷热水。暗装须谨慎，室外用黑色	小口径室内给水管	给水、燃气管	室内冷热水管。分冷热水两种压力管

塑料管和金属管的示意图如图 6-5 和图 6-6 所示。

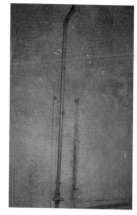

图 6-5　塑料管

图 6-6　金属管

6.5 原材料要求

使用不同的材料安装，对于原材料的要求有所差异，具体见表 6-4。

表 6-4　　　　　　　　　　　　　　　　原材料的要求

名称	要求
给水铸铁管、管件	给水铸铁管、管件的规格，需要符合设计压力要求，管壁薄厚需要均匀，内外壁需要光滑整洁，不得有砂眼，不得有裂纹，不得有毛刺，不得有疙瘩。承插口的内外径、管件需要造型规矩，管内外表面的防腐涂层需要整洁、均匀，附着牢固。管材与管件要有出厂合格证
镀锌钢管、管件	镀锌钢管与管件的规格种类需要符合设计要求。内外镀锌要均匀，无锈蚀，无飞刺。管件要无偏扣、无乱扣，不允许出现丝扣不全或角度不准等现象

续表

名称	要 求
给水复合管、塑料管及管件	给水复合管、塑料管及管件需要符合设计要求。管材、管件需要内外壁光滑、平整，无裂纹，无脱皮，无气泡，无明显的痕迹、凹痕及严重的冷斑。管材轴向不得有扭曲或弯曲，其直线度偏差需要小于1%，并且色泽一致。管材端口需要垂直于轴线。材质、规格需要根据设计要求选定，质量需要符合要求，并且要求有合格证
铜及铜合金管、管件	铜及铜合金管、管件内外需要表面光滑、清洁，不得有裂缝、夹层、凹凸不平、绿锈等现象
水表	水表的规格需要符合设计要求及有市场准入证、生产许可证，水表应计量检验，表壳铸造规矩，无砂眼、裂纹，表玻璃盖无损坏，铅封完整，并且需要有合格证
阀门	阀门的规格型号需要符合设计要求。阀体铸造需要规矩，表面光洁、无裂纹，开关灵活，关闭严密，填料密封完好无渗漏，手轮完整无损坏，并且具有合格证
接口材料	接口材料包括青铅、石棉、膨胀水泥、石膏、氯化钙、油麻、胶黏剂、法兰堵头、丝堵、木堵头、螺母、铅油、线麻、聚四氯乙烯生料带、橡胶板等。接口材料需要有相应的合格证、复试单等材料。水泥必须有合格证或复试证明
防腐材料	防腐材料包括沥青、汽油、沥青漆、防腐漆、银粉漆、玻璃丝布、22号镀锌铁丝等
其他材料	其他材料包括机油、电焊条、钎焊条、钎焊环、铜焊粉、无水乙醇、型钢、圆钢、螺栓、螺母、氧气、乙炔、锯条、破布（干净）等

堵头如图 6-7 所示。

图 6-7　堵头

▶ 6.6 明装施工工艺流程

明装施工工艺流程如下：安装准备 → 预制加工 → 干管安装 → 立管安装 → 支管安装 → 管道防腐和保温 → 管道冲洗。明装示例如图 6-8 所示。

图 6-8 明装示例

6.7 楼层立管明装

楼层立管明装：每层从上到下统一吊线安装卡件，将预制好的立管按编号分层排开，顺序安装，对好调直时的印记，丝扣外露 2~3 扣，清除麻头，校核预留甩口的高度、方向是否正确。外露丝扣与镀锌层破损处刷好防锈漆。支管甩口均加好临时丝堵。立管截门安装朝向应便于操作和修理。安装完后用线坠吊直找正，配合土建堵好楼板洞。楼层立管明装示例如图 6-9 所示。

图 6-9 楼层立管明装示例

6.8 给水立管

立管一般安装在厨房、卫生间的墙角处。管道明装在室内时，应不影响厨房、卫生间各卫生设备功能的使用。立管装在建筑物外墙阴角处，要尽量避免管道全天暴露在阳光直射下。该种方式在南方地区大量采用。管道在外墙敷设，会影响建筑美观，不便于维修。另外，外墙塑料管长时间在阳光下曝晒易老化。给水立管的安装示例如图 6-10 所示。

6.9 支管明装

支管明装：将预制好的支管从立管甩口依次逐段进行安装，有截门应将截门盖卸下再安装，根据管道长度适当加好临时固定卡，核定不同卫生器具的冷热水

图 6-10 给水立管安装示例

预留口高度、位置是否正确，找平找正后安装支管卡件，去掉临时固定卡，上好临时丝堵，如图 6-11 所示。支管如装有水表先装上连接管，试压后在交工前拆下连接管，安装水表。

图 6-11 支管的安装

住宅给水支管管径一般口径为 DE 不大于 40mm 或 DN 不大于 32mm，小管径的塑料给水管，呈弯曲状态，热稳定性也差。安装 PPR 给水支管时，要注意美观、最短路径、最少连接口间的选择与优化。给水管的安装如图 6-12 所示。

图 6-12　给水管的安装

6.10 管道试压与冲洗

管道试压：铺设给水管道完成后，需要进行水压试验。水压试验时，需要放净空气，充满水后进行加压。当压力升到规定要求时停止加压，进行检查。如果各接口、阀门均无渗漏，再持续到规定时间，观察其压力。如果压力下降在允许范围内，则说明合格。

管道冲洗：管道在试压完成后，即可做冲洗。可以应用自来水连续进行冲洗，以保证有充足的流量。

6.11 管道防腐与管道保温

管道防腐：给水管道铺设与安装的防腐均需要根据设计、实际要求、规范标准来进行。一般所有型钢支架、管道镀锌层破损处、外露丝扣，都需要补刷防锈漆或者采用镀锌材料。

明装给水管道保温的形式有管道防冻保温、管道防热损失保温、管道防结露保温。其保温材质及厚度根据设计要求、规范标准来选择。

6.12 住宅生活用水定额

住宅生活用水定额见表 6-5。

表 6-5　　　　　　　　　　住宅生活用水定额

卫生器具完善程度	生活用水定额 [L /（人·d）]	时变化系数	使用时间（h）
仅有给水龙头	40~90 （50~105）	3.0~2.5	24
有大便器、洗涤盆、无沐浴设备	85~130 （100~150）	1.0~2.5	24

续表

卫生器具完善程度	生活用水定额 [L／（人·d）]	时变化系数	使用时间（h）
有大便器、洗涤盆和沐浴设备	130~190 （145~200）	2.8~2.3	24
有大便器、洗涤盆、沐浴设备和热水供应	170~250 （190~300）	2.5~2.0	24

6.13 PPR 熔接

使用 PPR 熔接器前的准备如图 6-13 所示。

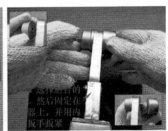

图 6-13 使用 PPR 熔接器前的准备

PPR 的熔接方法见表 6-6。

表 6-6　　　　　　　　　　　　PPR 的熔接方法

步骤	项目	图　解　　　　　　　　　　解　说
1	安装前的准备	（1）需要准备熔接机、直尺、剪刀、记号笔、清洁毛巾等。 （2）检查管材、管件的规格尺寸是否符合要求。 （3）熔接机需要有可靠的安全措施。 （4）安装好熔接头，并且保证其规格正确、连接牢固可靠。安全合格后才可以通电。 （5）一般熔接机红色指示灯亮表示正在加温，绿色指示灯亮表示可以熔接。 （6）一般家装不推荐使用埋地暗敷方式，一般采用嵌墙或嵌埋天花板暗敷方式 　　　利用尺来画好熔接深度　　　　　　检查

续表

步骤	项目	图　解	解　说
2	清洁管材、管件熔接表面		（1）熔接前需要清洁管材熔接表面、管件承口表面。 （2）管材端口在一般情况下，需要切除2~3cm，如果有细微裂纹，需要剪除4~5cm
3	管材熔接深度画线		熔接前，需要在管材表面画出一段沿管材纵向长度不小于最小承插深度的圆周标线
4	熔接加热		（1）首先将管材、管件均速推进熔接模套与模芯，并且管材推进深度要到标志线，管件推进深度到承口短面与模芯终止端面平齐即可。 （2）管材、管件推进中，不能有旋转、倾斜等的现象。 （3）加热时间需要根据规定执行，一般冬天需要延长加热时间50%
5	对接插入、调整		（1）对接插入时，速度尽量快，以防止表面过早硬化。 （2）对接插入时，允许有不大于5°的角度调整
6	定型、冷却		（1）在允许调整时间过后，管材与管件需要保持相对静止，不允许再有任何相对移位。 （2）熔接的冷却需要采用自然冷却方式，严禁使用水、冰等冷却物强行冷却
7	管道试压	（1）管道安装完毕后，需要在常温状态下，在规定的时间内试压。 （2）试压前，需要在管道的最高点安装排气口，只有当管道内的气体完全排放完毕后，才能够试压。 （3）一般冷水管验收压力为系统工作压力的1.5倍，压力下降不允许大于6%。 （4）有的需要先进行逐段试压，各区段合格后再进行总管网试压。 （5）试压用的管堵供试压用。试压完毕后，需要更换金属管堵	

图 6-14　正确的熔接接口

正确的熔接接口：无旋转地把管端导入加热套内，插入到标志处的深度。同时，无旋转地把管件推到加热头上，达到规定标志处，如图 6-14 所示。

PPR 管焊接时粘模头大多是由于水管质量差、熔接器温度不够等原因，如图 6-15 所示。

PPR 管熔接加热要求见表 6-7。

水管没有擦干净，熔接后冷却不均匀引起的

熔接温度过高或者插入时用力过大、插入太深引起的

图 6-15　PPR 管焊接时粘模头

表 6-7　　　　　　　　　　　PPR 管熔接加热要求

DN（mm）	20	25	32	40	50	63	75	90	110
热熔深度（mm）	$L-3.5 \leq P \leq$ 最小承口长度								
加热时间（s）	5	7	8	12	18	24	30	40	50
加工时间（s）	4	4	4	6	6	6	10	10	15
冷却时间（s）	3	3	4	4	5	6	8	8	10

注　若环境温度小于 5℃，加热时间应延长 50%。
　　DN < 75mm 可人工操作，DN > 75mm 应采用专用进管机具。
　　熔接弯头或三通时，按设计图纸要求，应注意其方向。

PPR 熔接示例如图 6-16 所示。

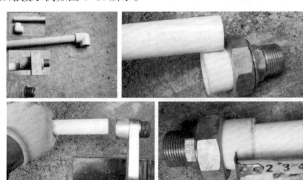

图 6-16　PPR 熔接示例

6.14 ░ PPR 稳态覆铝水管的熔接

PPR 稳态覆铝水管熔接方法与要点：

（1）安装前，安装人员需要熟悉 PPR 稳态覆铝水管的性能，掌握必要的操作要点，避免盲目施工。

（2）安装前，需要对材料的外观与接头配合的公差进行仔细检查，以及清除管材、管件内外的污垢与杂物。

（3）施工前，需要根据图纸正确掌握管道、附件等品名、规格、长度、数量、位置等。

（4）管道系统安装过程中，需要防止油漆、沥青等有机物与 PPR 稳态覆铝水管、稳态管管件接触。

（5）与管子成直角方向将管子切断后，需要将管端面的毛刺与切割碎屑进行清理。

（6）对铝塑 PPR 稳态覆铝水管进行熔接前，需要完全剥去铝塑复合层（图6-17）。

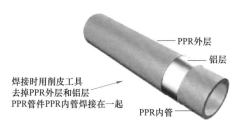

图 6-17　PPR 稳态覆铝水管的结构

（7）开始熔接前，需要检查铝塑复合层是否被完全清除。

（8）加工的时间内，刚熔接好的接头还可以校正，但是严禁旋转。

（9）加热后的管材与管件垂直对准推进时，用力不要过猛，以防止管头弯曲。

（10）室内横支管铺设于地面平层内，室内竖支管铺设于预留的管槽内。

（11）室内明装管道，需要在土建粉饰完毕后进行。安装前，需要先复核预留管槽的位置是否正确。

（12）需要严格根据国家标准上对应的规格与时间（表6-8）进行热熔连接。

表 6-8 PPR 稳态覆铝水管熔接操作技术参数

公称外径 DE（mm）	热熔深度 P（mm）	加热时间（s）	加工时间（s）	冷却进间（min）
20	11.0	5	4	3
25	12.5	7	4	3
32	14.6	8	4	4
40	17.0	12	6	4
50	20.0	18	6	5
63	23.9	24	6	6
75	27.5	30	10	8
90	32.0	40	10	8
110	38.0	50	15	10

▷ 6.15 ▷ PPR 明装要求与技巧

PPR 明装要求与技巧见表 6-9。

表 6-9 PPR 明装要求与技巧

项目	图例
两用管卡	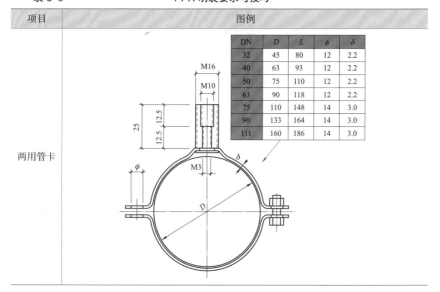

项目	图例
金属支架	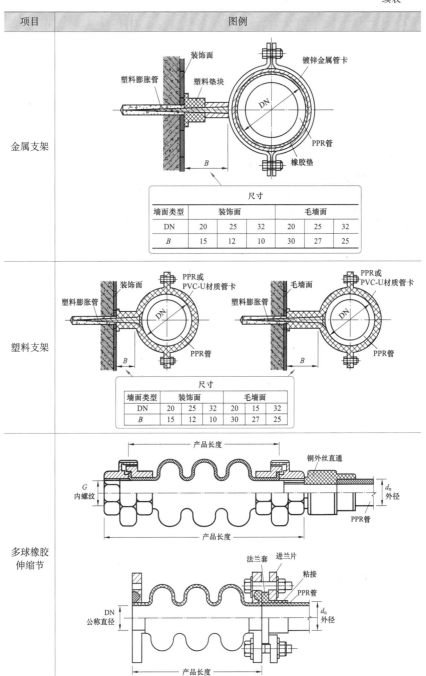

（尺寸表）

墙面类型	装饰面			毛墙面		
DN	20	25	32	20	25	32
B	15	12	10	30	27	25

塑料支架

墙面类型	装饰面			毛墙面		
DN	20	25	32	20	15	32
B	15	12	10	30	27	25

多球橡胶伸缩节

6.16 PPR 管明装的要求与规范

PPR 管的连接如图 6-18 所示。

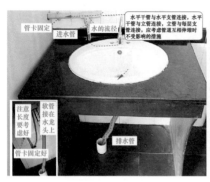

图 6-18 PPR 管的连接

PPR 明装的要求与规范：

（1）明敷的给水立管需要布置在靠近用水量大的卫生器具的墙角、墙边或立柱旁。

（2）明敷的给水管不得穿越卧室、储藏室及烟道、风道。

（3）给水管道应远离热源，立管距热水器或灶边净距不得小于 400mm，当条件不具备时，应加隔热防护措施，但最小净距不得小于 200mm。

（4）布置在地坪层内的管道，应有定位尺寸，宜沿墙敷设。当有可能遭到损坏时，局部管道应加套管保护。

（5）管道穿越地下室外壁等有防水要求处，应设刚性或柔性钢制防水套管，并应有可靠的防渗和固定措施。

（6）水池、水箱连接浮球阀或其他进水设备时，应有可靠的固定措施，浮球阀等进水设备的重力不应作用在管道上。

（7）受阳光直接照射的明敷管道，应采取遮蔽措施。

（8）明装热水管道穿墙壁时，应设置钢套管，套管两端应与墙面持平。

（9）冷水管穿越墙时，可预留洞，洞口尺寸比穿越管道外径大 50mm。

（10）管材与管件连接端面应去除毛边和毛刺，必须清洁、干燥、无油。

（11）管道安装时必须按不同管径和要求设置管卡或吊架，位置应正确，管卡与管道接触应紧密，但不得损伤管道表面。

（12）采用金属管卡或吊架时，金属管卡与管道之间采用塑料带或橡胶等软物隔垫。

（13）管道安装应横平竖直、铺设牢固，坡度应符合要求。

（14）管外径在 25mm 以下给水管的安装，管道在转角、水表、水龙头或角阀及管道终端的 100mm 处应设管卡。

（15）管道采用螺纹连接在其连接处应有外露螺纹，进管必须五牙以上。

（16）立管、横管支吊架的间距不得大于表 6-10 和表 6-11 中的规定。

表 6-10		冷水管支吊架最大间距				单位：mm
公称外径 DE	20	25	32	40	50	63
横管	650	800	950	1100	1250	1400
立管	1000	1200	1500	1700	1800	2000

表 6-11		热水管吊架最大间距				单位：mm
公称外径 DE	20	25	32	40	50	63
横管	500	600	700	800	900	1000
立管	900	1000	1200	1400	1600	1700

▶ 6.17 聚丙烯给水管道管支撑中心距离的确定

聚丙烯给水管道的管支撑中心距离见表 6-12，给水管道的固定见图 6-19。

表 6-12	聚丙烯给水管道的管支撑中心距离				单位：cm
d（mm）	20℃ PN10	20℃ PN20	40℃ PN20	60℃ PN20	80℃ PN20
20	70	80	70	65	60
25	75	85	80	75	70
32	90	100	90	85	75
40	100	110	105	95	85
50	115	125	115	105	90
63	130	140	130	120	110
75	150	170	160	150	130
90	185	205	195	180	160
110	195	220	200	180	160

注 用槽钢来支撑管道，管夹间的距离应为 150~180cm。

▶ 6.18 PPR 明装补偿臂最小长度的确定

PPR 暗装到墙壁、楼板、隔离材料等处的管道是能够防止膨胀的。压力和拉伸应力都被吸收而又不损坏各种材料。管道外径不宜超过 DE25，连接方式应采用热熔连接。PPR 明装补偿臂最小长度的确定如图 6-20 所示。

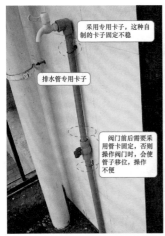

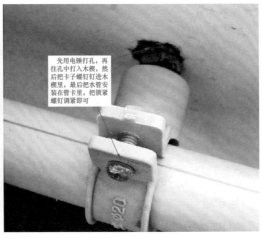

图 6-19 给水管道的固定

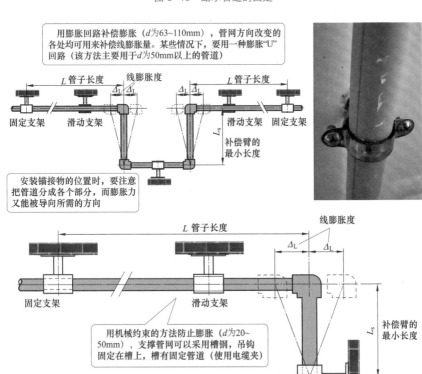

图 6-20 PPR 明装补偿臂最小长度的确定（一）

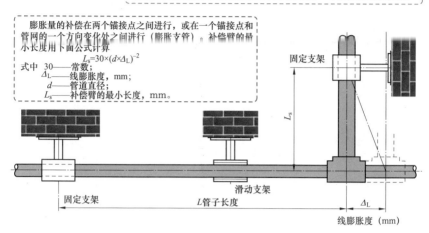

U形接头补偿臂的最小长度是指从90°拐弯点到下一个结合处间的距离。
T形接头补偿臂的最小长度是指从90°拐弯点到下一个锚接点之间的距离

膨胀量的补偿在两个锚接点之间进行，或在一个锚接点和管网的一个方向变化处之间进行（膨胀支管）。补偿臂的最小长度用下面公式计算

$$L_s = 30 \times (d \times \Delta_L)^{-2}$$

式中　30——常数；
　　　Δ_L——线膨胀度，mm；
　　　d——管道直径；
　　　L_s——补偿臂的最小长度，mm。

固定支架

L_s

滑动支架

固定支架

L管子长度

Δ_L

线膨胀度（mm）

图 6-20　PPR 明装补偿臂最小长度的确定（二）

▶ 6.19 ┊ PPR 硬水管与软水管连接及 PPR 硬水管附件连接

PPR 硬水管与软水管连接：先把 PPR 硬水管利用溶解器溶软，等下降一定温度后，再把软水管连接上，这样可以利用溶软的 PPR 硬水管的一定温度软化扩大软水管连接口，从而使连接容易完成。等温度达到冷却后，PPR 硬水管与软水管即可连接可靠。这也就是利用热胀冷缩原理实现 PPR 硬水管与软水管的连接。PPR 硬水管与软水管连接，有时采用细钢丝等作为扎丝，但是容易出现漏水等现象。

PPR 硬水管附件连接示例如图 6-21 所示。

图 6-21　PPR 硬水管附件连接示例（一）

图 6-21 PPR 硬水管附件连接示例（二）

6.20 庭院水管明装

庭院水管明装示例如图 6-22 所示。

图 6-22 庭院水管明装示例

6.21 给水塑料管及复合管管道支架的最大间距

塑料管、复合管管道支架的最大间距见表 6-13。

表 6-13　　　　　　塑料管、复合管管道支架的最大间距

公称直径（mm）		12	14	16	18	20	25	32	40	50	63	75	90	110
支架最大间距（m）	立管	0.5	0.6	0.7	0.8	0.9	1.0	1.1	1.3	1.6	1.8	2.0	2.2	2.4
	水平管 冷水管	0.4	0.4	0.5	0.5	0.6	0.7	0.8	0.9	1.0	1.1	1.2	1.35	1.55
	热水管	0.2	0.2	0.25	0.3	0.3	0.35	0.4	0.5	0.6	0.7	0.8		

6.22 铜管垂直或支架的最大间距

铜管垂直或支架的最大间距见表 6-14。

表 6-14　　　　　　铜管垂直或支架的最大间距

公称直径（mm）		15	20	25	32	40	50	65	80	100	125	150	200
支架最大间距（m）	垂直管	1.8	2.4	2.4	3.0	3.0	3.0	3.5	3.5	3.5	3.5	4.0	4.0
	水平管	1.2	1.8	1.8	2.4	2.4	2.4	3.0	3.0	3.0	3.0	3.5	3.5

6.23 水表的安装

水表的安装示例如图 6-23 所示。

一般需要在水表前安装一个阀门，见图 6-24，这样更换水表及水表后面的管路均比较方便。另外，水表处的水管不应比室内水管路管径小。

图 6-23　水表的安装示例

图 6-24　阀门

6.24 连接软管

连接软管主要分为双头 4 分连接管、单头连接软管、淋浴软管。双头 4 分连接管主要用于双孔龙头进水、热水器、马桶等。单头连接软管主要用于冷热单孔龙头、厨房龙头的进水。双头软管一般连接冷热水角阀、单冷面盆厨房龙头、双把双孔面盆龙头、单把双孔面盆龙头、家装电热水器等。用在热水器与角阀间的连接管进管需两根淋浴软管一般长 1.5m，两头 4 分标准管，并且一般与三角阀搭配使用，其安装辅料有生料带等。双头软管工作温度一般小于 90℃。连接软管的外形与应用如图 6-25 所示。

连接软管又可以分为不锈钢编织软管、不锈钢波纹硬管。热水器上一般使用不锈钢波纹硬管，龙头等一般用不锈钢编织软管。连接软管根据尺寸可以分为 30、40、50、60cm 等。如果长度不够，可以用双外丝接头连接加长。

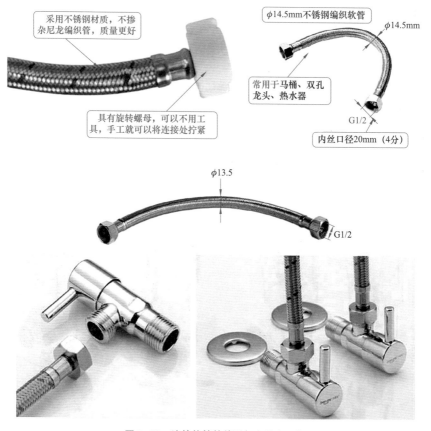

图 6-25 连接软管的外形与应用（一）

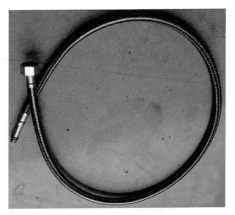

图 6-25 连接软管的外形与应用（二）

6.25 三角阀

三角阀又称为角阀、角形阀、折角水阀。管道在角阀处成 90° 的拐角形状，该阀就因此得名。三角阀的阀体有进水口、水量控制口、出水口三个口，其中水量控制口不是一个水管连接端口，而是控制出水口出水量的控制"旋钮"。各种类型的三角阀如图 6-26 所示。

三角阀的作用如下：

（1）起转接内外出水口的作用。

（2）起调节水压的作用。水压太大，可以通过三角阀调节，关小一点，减小水压。

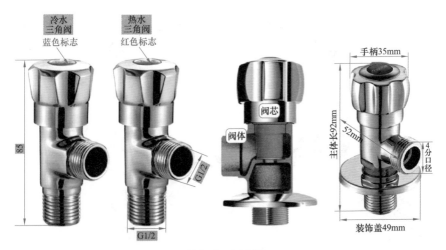

图 6-26 三角阀

（3）起开关作用。如果发生水龙头漏水等现象，可以把三角阀关掉，而不必关掉总阀。

冷水三角阀和热水三角阀一般用蓝、红标志区分，如图 6-27 所示。同一厂家同一型号中的冷水、热水三角阀的材质绝大部分是一样的，没有本质区别（也就是说热水三角阀、冷水三角阀可以互换用）。但是需要注意，有部分低档的慢开三角阀是橡圈阀芯，橡圈材质不能承受 90° 热水。

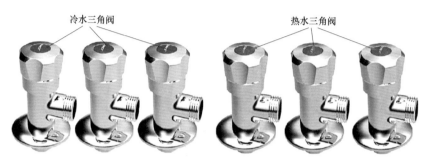

图 6-27　冷水三角阀和热水三角阀

三角阀的尺寸如下：

3/8：指 3 分，也就是可以接 3 分的水管，一般用于进水龙头上 3 分的硬管。

1/2：指 4 分，也就是可以接 4 分的水管，一般用于台面出水的龙头、马桶、4 分进出水的热水器、按摩浴缸、整体冲淋房、淋浴屏上，一般家庭使用 1/2。

3/4（直阀）：指 6 分，也就是可以接 6 分的水管，一般家用的很少用到 6 分直角三角阀。进户总水管和 6 分进出水的热水器普遍用 6 分直阀。

三角阀的尺寸与应用如图 6-28 所示。

三角阀根据阀芯，分为如下几种：

（1）球形阀芯：球形阀芯具有口径比陶瓷阀芯大、不会减小水压与流量、操作便捷等特点。

（2）ABS（工程塑料）阀芯：比塑料阀芯造价低，质量没有保证。

（3）陶瓷阀芯：具有开关的手感，顺滑轻巧，适于家庭应用。

（4）橡胶旋转式阀芯：开启与关闭费时费力，目前家庭很少采用该种材质的角阀。

三角阀根据外壳材质，分为如下几种：

（1）黄铜三角阀：具有容易加工、可塑性强、有硬度、抗折抗扭力强等特点。

（2）合金三角阀：具有造价低、抗折抗扭力低、表面易氧化等特点。

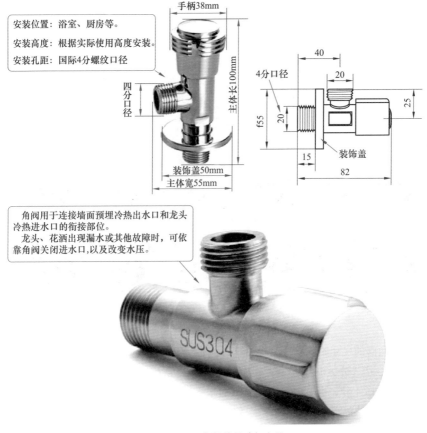

图 6-28　三角阀的尺寸与应用

（3）铁三角阀：具有易生锈、污染水源等特点。

（4）塑料三角阀：具有造价低廉、不易在极寒冷的北方使用等特点。

三角阀的应用如图 6-29 所示。

判断三角阀好坏的方法：

（1）在光线充足的情况下，将三角阀放在手里伸直后观察，好的三角阀表面乌亮如镜、无任何氧化斑点、无烧焦痕迹。好的三角阀近看没有气孔、没有起泡、没有漏镀、色泽均匀等。

（2）用手摸三角阀，好的三角阀没有毛刺、没有砂粒。

（3）用手指按一下三角阀表面，指纹很快散开且不容易附水垢。

家装三角阀的一般选择：马桶 1 只（可选装），面盆龙头 2 只（可不装），菜

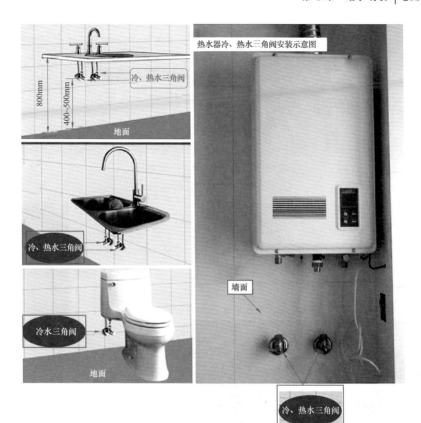

图 6-29 三角阀的应用

盆龙头 2 只（可不装）、热水器 2 只（一般需要安装）。一厨一卫家庭一般需要安装 7 只，如图 6-30 所示。

三角阀安装要求：三角阀与水管连接的螺纹长度有 20、28mm 等尺寸，其与水管管件内丝的长度配合很关键。也就是说，三角阀与水管连接的螺纹长度比水管管件内丝的长度短一点即可，不能够长。因为如果长，则三角阀的装饰盖不能够盖住三角阀与水管连接的螺纹。有的三角阀预留了装饰盖的位置，也就是大约 10mm，即装饰盖的总体位置为三角阀与水管连接的螺纹长度 + 螺纹后预留的装饰盖长度。三角阀的安装及安装后的效果如图 6-31 和图 6-32 所示。三角阀的安装方法图例及 PPR 三角阀的安装方法与要求如图 6-33 和图 6-34 所示。

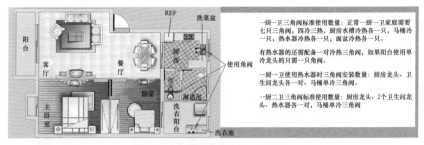

图 6-30 家装三角阀的一般选择

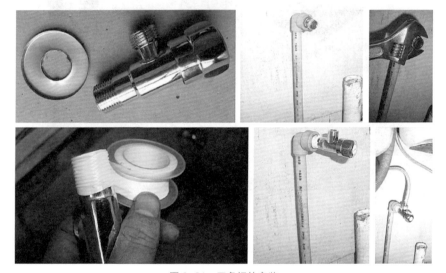

图 6-31 三角阀的安装

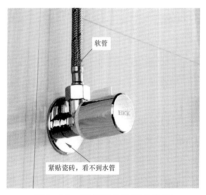

图 6-32 三角阀安装后的效果

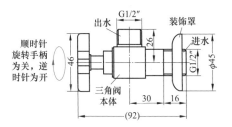

顺时针旋转手柄为关,逆时针为开

出水 G1/2″ 装饰罩 进水
三角阀本体

普通三角阀的入墙螺纹部分一般是14mm。
加长三角阀入墙螺纹一般达19mm,安装更深入

三角阀主体使用全铜重力铸造,内壁抛光,不易滋生细菌;多层镀铬,多年使用依旧光亮如新

入墙螺丝

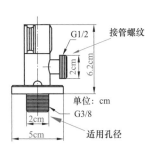

接管螺纹
G1/2
适用孔径
G3/8
适用孔径
单位:cm

接管螺纹
适用孔径

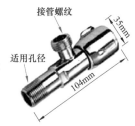

接管螺纹
适用孔径

将螺钉旋具插入出水口,将进水端旋入墙面进水管内

安装前一定要先彻底冲洗供水管以清除管道中的杂质。使用静水压力不超过1.0MPa,适用水温0~80℃。切断供水管路。

将装饰罩套入进水牙管,在装饰罩背面边缘涂一圈油灰。在三角阀前端螺纹裹上适量的生胶带,以便调整三角阀使用角度;用手沿顺时针方向拧紧,然后用螺丝刀套入出水口,沿顺时针方向旋转拧紧使出水口处于便于连接软管的方向。将装饰罩向后推,靠墙贴紧。去除多余油灰。

注意:三角阀不可与硬物碰撞和摩擦,不要将水泥、胶水等残留在水龙头表面

三角阀安装加生料带,入墙部分必须深入1.5cm以上;
安装完毕后,在0.7MPa水压下检测2h,看是否滴漏;
根据龙头出水量调整三角阀到合适的水流。

图 6-33 三角阀的安装方法图例

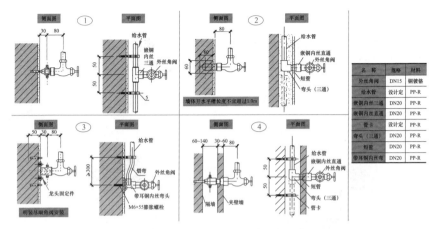

图 6-34　PPR 角阀的安装方法与要求

三角阀的安装方法与要点：

（1）安装三角阀常需要连接软管搭配，生料带是最常用的安装辅料。

（2）三角阀缠绕生料带后，直接拧在墙上留好的出水口上。

（3）如果需要 6 分的三角阀可以用 4 转 6 转接头安装。

（4）如果安装三角阀时水管太靠里，可以用内外丝接头接出来。

6.26　下水器

不锈钢加厚下水器（图 6-35），有的加厚 2mm，适用于台上盆、洗手盆、脸盆、玻璃盆等，规格有翻板不带溢水孔、弹跳不带溢水孔、翻板有溢水孔。说明：玻璃盆下水，需要选择不带溢水口的下水器。各种类型的下水器如图 6-36 所示。

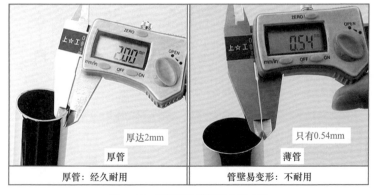

图 6-35　厚管壁和薄管壁的下水器

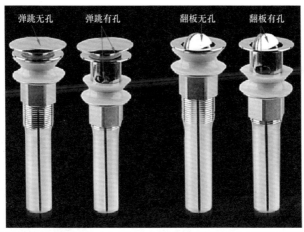

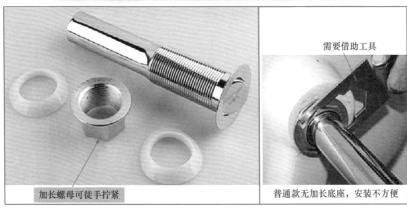

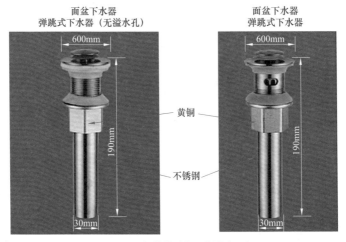

图 6-36 各种类型的下水器（一）

普通固定头，无法清理毛发易卡死

毛发过滤提笼

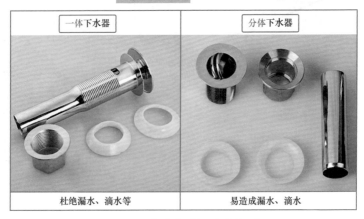

一体下水器	分体下水器
杜绝漏水、滴水等	易造成漏水、滴水

图6-36 各种类型的下水器（二）

▶ 6.27 新农村家用水塔、水箱安装

新农村家用水箱浇灌混凝土的要求如下：

（1）水箱壁混凝土浇灌到距离管道下面20~30mm时，需要将管道下混凝土捣实、振平。

（2）管道两侧呈三角形均匀、对称地浇灌混凝土，并逐步扩大三角区，此时振动棒要斜插入振动。

（3）将混凝土继续填平到管道上皮30~50mm。

（4）浇灌混凝土时，需要掌握好水灰比，控制好混凝土的坍落度，这样才能够保证混凝土施工时的质量。

家用现成水塔的要求：

（1）家用全自动地面水塔一般由塔体、水泵等组成，比较受新农村家庭的欢迎。在塔体下部装有与水泵相通的进水管、单向阀、出水管，塔体上部装有传感器，可以实现塔内压力减少时水泵启动、塔内压力加大时水泵停止工作等作用。如图6-37 所示的家用全自动地面水塔，塔体的底部有与水泵相连的进水管，进水管上装有只能使水流入塔体的单向阀。塔体下部还有出水管，塔体的顶部装有传感器，传感器下部有与塔体相通的气管，气管上有气碗，气碗上有顶针。传感器顶部固定有弹簧，弹簧下部固定有上簧片，传感器壁上固定有下簧片，上簧片与下簧片串联在水泵的一根动力线上。

图 6-37　水塔

（2）楼顶放小水塔主要是节省加压设备（图 6-38）。地面放现成小水塔一般需要采用加压设备。

（3）新农村需要考虑，现成水塔能够供应 2 ~4 层楼高度的房屋用水。

（4）用埋地螺钉固定现成水塔支脚，保证使用过程中的平稳。

现成水塔的应用如图 6-39 所示。

6.28　无塔供水设备

无塔供水设备是不需要蓄水池与屋顶水箱也能够实现供水的设备，如图 6-40 所示。有的无塔供水设备利用压缩空气的反弹压力使局部增压达到供水目的。一定量气体的绝对压力与其所占体积成反比，由水泵将水通过逆水阀压入罐体。压力达到压力表上限定位时，继电器切断电源，指示水泵停止工作，则自动补气开始，

全自动家用水塔水箱抽井水自吸泵

压力罐

进水口（含止回阀）

出水口

注水口

压力开关（自动）

铁风叶罩

风扇

泵头

叶轮封罩

放水螺钉

电动机

底盘

图6-38　加压设备

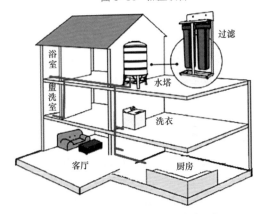

过滤

浴室

盥洗室

水塔

洗衣

客厅

厨房

图6-39　现成水塔的应用（一）

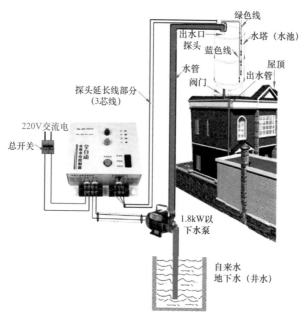

图 6-39 现成水塔的应用（二）

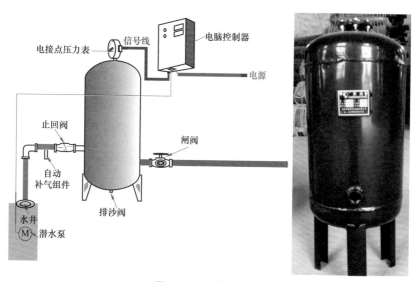

图 6-40 无塔供水设备

同时水在反弹压力的作用下自动向管网送水。压力罐的水位在下降中，反映到压力表运行针上。压力表运行针接触下限定位指针时，指示水泵重新启动，如此往复，也就确保了用户有正常的用水。

有的无塔供水设备自来水进入调节罐，罐内的空气从真空消除器内排出，等水充满后，真空消除器自动关闭。自来水能够满足用水压力、水量要求时，全自动无塔供水设备通过水泵管道、旁通管道向用水管网直接供水。自来水管网的压力不能满足用水要求时，系统通过压力传感器或远传压力表给启泵信号，启动水泵运行。水泵供水时，如果自来水管网的水量大于水泵流量，无负压变频设备保持正常供水。用水高峰期时，如果自来水管网水量小于水泵流量，调节罐内的水作为补充水源仍能够正常供水，此时空气由真空消除器进入调节罐，消除了自来水管网的负压。用水高峰期过后，全自动无塔供水设备恢复正常的状态。自来水供水不足、管网停水而导致调节罐内的水位下降到无水时，液位控制器给出停机信号以保护水泵机组。

全自动无塔供水设备的安装：

（1）找平水泵底座。

（2）将底座放在地基上，在地脚螺钉附近垫楔形垫铁，准备找平后填充水螺浆用。

（3）用水平仪检查底座的水平度，找平后扳紧地脚螺母用水泥浆填充底座。

（4）经 3~4 天水泥干后，再检查水平度。

（5）将底座的支持平面、水泵脚、电动机脚的平面上的污物清除，以及把水泵、电动机放到底座上。

（6）调整泵轴水平，找平后适当上紧螺母。待调节完毕后再安装电动机，在不水平处垫以铁板，泵与联轴器间留有一定间隙。

（7）把平尺放在联轴器上，检查水泵轴心线与电动机轴心线是否重合。如果不重合，在电动机或泵的脚下垫以薄片，使两个联轴器外圆与平尺相平。然后取出垫的几片薄铁片，用经过刨制的整块铁板来代替铁片。

（8）检查安装情况，检查安装的精度，其中联轴器平面一周上最大与最小间隙差数不得超过 0.3mm。两端中心线上下或左右的差数不得超过 0.1mm。

▶ 6.29 全自动太阳能供水设备

全自动太阳能水循环示意图如图 6-41 所示。

▶ 6.30 压力罐

压力罐在闭式水循环系统中可以起到平衡水量、压力的作用，避免安全阀频繁开启、自动补水阀频繁补水、水泵频繁启动等情况。压力罐一般是由钢质外壳、橡胶气囊内胆构成的一种储能器件。其中橡胶气囊能够把水室与气室完全隔开。压力罐运用于供暖、空调水密闭系统中吸收加热时膨胀的水量，平衡系统水

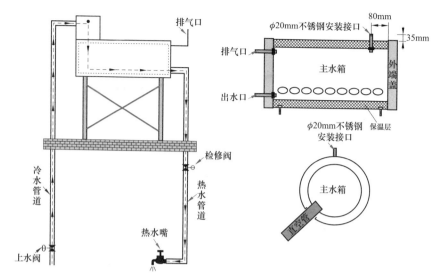

图 6-41 全自动太阳能水循环示意图

量、压力。系统冷却时，预充氮气的压力将气囊推到底部，系统水未进入膨胀水罐。当系统水温升高时，压力增大，水压高于预充氮气压力，加热膨胀的水量进入压力罐。无塔压力罐如图 6-42 所示。

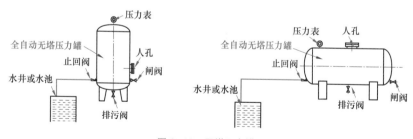

图 6-42 无塔压力罐

压力罐内部气囊结构保证了水不与罐壁接触，因此压力罐壁内部无锈蚀，压力罐外部无凝露等现象。在制冷、暖通系统中，与传统的压力罐相比，压力罐具有安装方便、不需要安装在最高点等特点。压力罐可以应用于中央空调、锅炉、消防、水处理、热水器、采暖系统等领域中。压力罐的应用如图 6-43 所示。

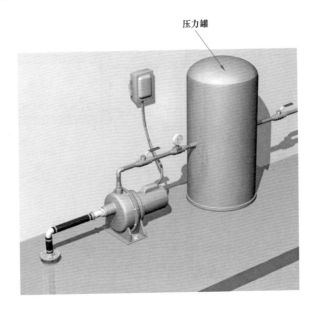

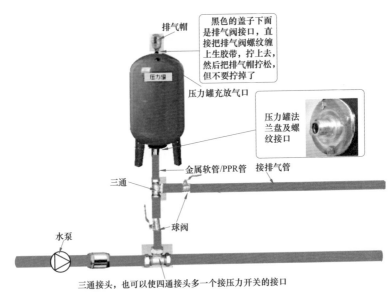

图 6-43 压力罐的应用

压力罐的安装如下：

（1）供暖系统中，一般将压力罐安装在系统水温相对最低点地方，也就是安装在系统的回水端、储热水箱的冷水入水端。24L以下的压力罐因自重较轻，可以直接连到系统管道上。24L 以上的压力罐，考虑工作时进水与自重对系统管道产生较大的载荷，其自身带有三脚支架，可用金属软管把压力罐连接到系统，埋地螺钉固定压力罐支脚，保证使用过程中的平稳。

（2）压力罐出厂，预充压力已设定，一般为 1~4bar。如果需要调整，需要使用压力表边测试边充气、放气，并且操作正确。没有把握不得擅自充气、放气。

（3）压力罐附近要安装安全阀，避免在系统压力异常的时候损坏压力罐与系统其他部件。

（4）在供暖、空调闭式循环系统上，不能把压力罐装在水泵的出水口，以免造成水泵的气蚀。

▶ 6.31 管道泵

管道泵通过电动机转子运行，带动叶轮旋转产生动力。在其运行过程中，泵体会产生热量，泵头与电动机部门为机械密封与静环密封分隔，运行期间具有静音、无泄漏等特点。

泵严禁安装在沐浴或其他潮湿地方，水泵的电器部分严禁接触水。如果水泵安装于可能产生气泡的管道上，则需要给管道安装自动排气口。管道泵的安装要求如图 6-44 所示。

管道泵的应用如图 6-45 所示。

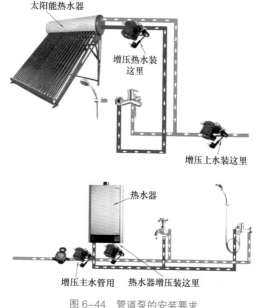

图 6-44　管道泵的安装要求

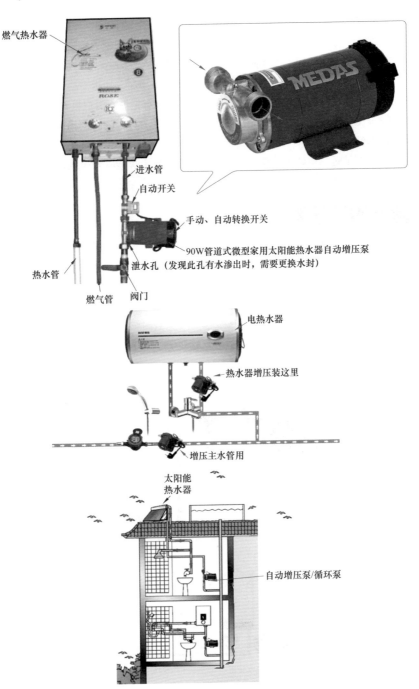

燃气热水器

进水管

自动开关

手动、自动转换开关

90W管道式微型家用太阳能热水器自动增压泵

热水管

泄水孔（发现此孔有水渗出时，需要更换水封）

燃气管　阀门

电热水器

热水器增压装这里

增压主水管用

太阳能
热水器

自动增压泵/循环泵

图 6-45　管道泵的应用

关于水泵的几个概念：

（1）水泵扬程。扬程指水泵向上送水的高度。有时，水泵还需要向远的地方送水，则平行送水 10m 相当于消耗扬程 1m。例如，水泵扬程标注为 20m，要抽到 10m 高，然后送到 20m 远，则实际消耗扬程为 12m。

（2）水泵流量。流量就是水泵每小时出水多少吨或每分钟出水多少升。流量跟扬程有关，扬程越高，流量相应越少。

（3）水泵吸程。吸程指水泵安装位置往下多少米。一般水泵最大吸程都只有 9m，这是由大气压限制的。

6.32　增压泵

泵是把原动机的机械能转换为抽送流体能量的一种机器。增压泵用于家用净水器前端增压、热水器水压不足增压（热水器水压不足，导致点不着火等问题）、自来水水压不足加压（家用采用蓄水箱供水 + 增压泵，可大大增加水压并且保持水压稳定）、公寓水塔加压（公寓最上层住宅因距离水槽过近导致水压不足水量过小或热水器不能点火使用）、鱼池鱼缸用水循环、工业设备循环锅炉冷却等。

家用增压泵自动开关是通过水流控制水泵运行的。家用增压泵一般有 AC 220V、DC 24V 两种规格。说明：如果水龙头的水比较小，则可能是压力不够，或者是管道内有污垢导致。压力不够，可以安装增压泵解决。增压泵的应用如图 6-46 所示。

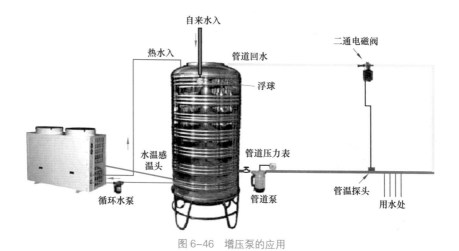

图 6-46　增压泵的应用

是否需要增压泵，可以根据室内给水系统所需估算的水压来确定：

（1）一层：100kPa。

（2）二层：120kPa。

（3）三层及以上：$H=120+40$（$n-2$），n 表示楼层数，$n \geqslant 2$；H 表示室内给水系统所需总水压，kPa。公式适用条件为层高不大于 3.5m 的建筑，其他层高折算成 3m 计算。

另外，供水压力也可以这样计算：一层（平房）为 0.1MPa，二层加 0.02MPa（也就是二层为 0.12MPa），三层到六层每层加 0.04MPa（也就是 0.16~0.28MPa）。城市市政保证六层的水压就是 0.28MPa。也有的地方保证四层的水压是 0.2MPa。国家规定的管网末梢供压是 0.14MPa。农村为了保证二层有水，需要的水压是 0.12MPa。目前，农村三层用水情况较多，因此需要水压 0.18MPa。如果与上述水压不符合，可能需要增加增压泵。增压泵的特点如图 6-47 所示。

不锈钢外壳

活接进水口

开关

固体支架

全铜泵头

可调节开关

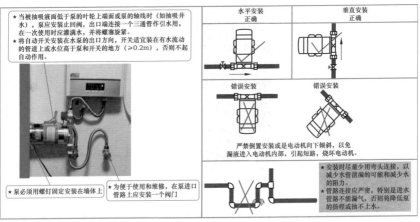

★当被抽吸液面低于泵的叶轮上端面或泵的轴线时（如抽吸井水），泵应装上回阀，出口端连接一个三通管作引水用，在一次使用时应灌满水，并将螺塞旋紧。
★将自动开关安装在水泵的出口方向，开关适宜装在有水流动的管道上或水位高于泵和开关的地方（≥0.2m），否则不起自动作用。

★泵必须用螺钉固定安装在墙体上

★为便于使用和维修，在泵进口管路上应安装一个阀门

水平安装
正确

垂直安装
正确

错误安装

错误安装

严禁倒置安装或是电动机向下倾斜，以免漏液进入电动机内部，引起短路，烧坏电动机。

★安装时尽量少用弯头连接，以减少水管泄漏的可能和减少水的阻力。
★管路连接应严密，特别是进水管路不能漏气，否则将降低泵的扬程或抽不上水。

图 6-47 增压泵的特点

增压泵的选择如下：

（1）60m² 内户型。水箱或是市政供水，4 个用水点，居住 3 人，有电热水器或燃气热水器，可以选择 15MG-20-10、15MG-20-10N 等增压泵，可以满足 1 个用水点的顺畅。

（2）80m² 内户型。水箱供水或是市政供水，4 个用水点，居住 3 人，有电热水器或燃气热水器，可以选择 15MP-40-9（A）、15MP-40-10（A）等增压泵，可以满足 2 个用水点的顺畅。

（3）120m² 内户型。市政供水或是水箱供水，5 个用水点，居住 3~5 人，有电热水器或燃气热水器，可以选择 25MP-32-11（A）、25MP-70-15（C）等增压泵，可以满足 3 个用水点的顺畅。

（4）500m² 内户型。市政直供水，居住若干人，若干用水点，有电热水器、燃气热水器、太阳能热水器、锅炉热水等，可以选择 25MZ-50-35 等增压泵。

说明：太阳能热水器均需要根据高度、管路走向来选择。

增压泵的电路原理如图 6-48 所示。

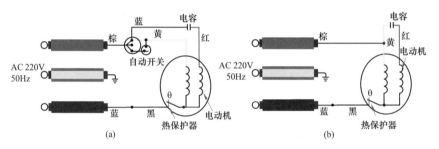

图 6-48　增压泵电路原理
(a) 全自动型增压泵；　(b) 普通型增压泵

6.33 给水明装工序或关键控制点的控制方法

给水明装工序或关键控制点的控制方法见表 6-15。

表 6-15　　　　　给水明装工序或关键控制点的控制方法

名称	控制方法
安装偏差	直尺拉线、尺量法
材料交接检查	外观检查、出厂合格证、材料验收记录法
管道吹洗	现场检查、检查吹洗记录法
管道试压	现场检查、检查试压记录法
管道隐蔽	现场检查法
外观检查	现场观察法

6.34 室内给水设备安装的允许偏差与检验方法

室内给水设备安装的允许偏差与检验方法见表 6-16。

表 6-16　　　　　室内给水设备安装的允许偏差与检验方法

项　目		允许偏差（mm）	检验方法
静置设备	坐标	15	经纬仪或拉线、尺量检验
	坐标	+5	用水准仪、拉线和尺量检查
	垂直度（每米）	5	吊线、尺量检查
离心式水泵	立式泵体垂直度（每米）	0.1	水平尺、塞尺检查
	卧式泵体水平度（每米）	0.1	水平尺、塞尺检查
联轴器同心度	轴向倾斜（每米）	0.8	联轴器互相垂直的 4 个位置上用水准仪、百分表或测微螺钉、塞尺检查
	径向位移	0.1	

6.35 给水明装的类型与其安装允许偏差、检验方法

给水明装的类型与其安装允许偏差、检验方法见表 6-17。

表 6-17　　　　　给水明装的类型与其安装允许偏差、检验方法

类型与项目			允许偏差（mm）	检验方法
水平管道纵横方向弯曲	无缝钢管、铜管	每米	1	用水平尺、直尺拉线、尺量检验
		全长 25m 以上	≤ 25	
	塑料管复合管	每米	1	
		全长 25m 以上	≤ 25	
	铸铁管	每米	2	
		全长 25m 以上	≤ 25	
立管垂直度	镀锌钢管、铜管	每米	3	吊线、尺量检查
		全长 5m 以上	≤ 8	
	塑料管复合管	每米	3	
		全长 5m 以上	≤ 8	
	铸铁管	每米	3	
		全长 5m 以上	≤ 10	
成排管段与成排阀门	在同一平面上间距		3	尺量检查

其中，水平仪如图 6-49 所示。

图 6-49　水平仪

6.36　卫生器具的安装高度

卫生器具的安装高度见表 6-18。

表 6-18　　　　　　　　　　卫生器具的安装高度

卫生器具名称		卫生器具安装高度（mm）		备　注
		居住和公共建筑	幼儿园	
污水盆（池）	架空式	800	800	
	落地式	500	500	
洗涤盆（池）		800	800	自地面到器具上边缘
洗脸盆、洗手盆（有塞、无塞）		800	500	
盥洗槽		800	500	
浴盆		≤ 520		
蹲式大便器	高水箱	1800	1800	自台阶面到高水箱底
	低水箱	900	900	自台阶面到低水箱底
蹲式大便器	高水箱		1800	1800	自地面到高水箱底
	低水箱	外露排水管式	510		自地面到低水箱底
		虹吸喷射式	470	370	
小便器	挂式	600	450	自地面到下边缘
水便槽		200	150	自地面到台阶面
大便槽冲洗水箱		≥ 2000		自台阶面到水箱底
妇女卫生盆		360		自地面到器具上边缘

6.37 卫生器具给水配件的安装高度

卫生器具给水配件的安装高度见表6-19。

表6-19　　　　　　　　　卫生器具给水配件的安装高度

给水配件名称		配件中心距地面高度（mm）	冷热水龙头距离（mm）
架空式污水盆（池）水龙头		1000	—
落地式污水盆（池）水龙头		800	
洗涤盆（池）水龙头		1000	150
住宅集中给水龙头		1000	—
洗手盆水龙头		1000	
洗脸盆	水龙头（上配水）	1000	150
	水龙头（下配水）	800	150
	角阀（下配水）	450	—
盥洗槽	水龙头	1000	150
	冷热水管 其中热水龙头上下并行	1100	150
浴盆	水龙头（上配水）	670	150
淋浴器	截止阀	1150	95
	混合阀	1150	
	淋浴喷头下沿	2100	—
蹲式大便器（台阶面算起）	高水箱角阀及截止阀	2040	
	低水箱角阀	250	—
	手动式自闭冲洗阀	600	
	脚踏式自闭冲洗阀	150	
	拉管式冲洗阀（从地面算起）	1600	—
	带防污助冲器阀门（从地面算起）	900	
坐式大便器	高水箱角阀及截止阀	2040	
	低水箱角阀	150	—
大便槽冲洗水箱截止阀（从台阶面算起）		≤ 2400	—
立式小便器角阀		1130	
挂式小便器角阀及截止阀		1050	—
小便槽多孔冲洗管		1100	
实验室化验水龙头		1000	
妇女卫生盆混合阀		360	

注　装设在幼儿园的洗手盆、洗脸盆和盥洗槽水嘴中心距地面安装高度应为700mm，其他卫生器具给水配件的安装高度，应按卫生器具实际尺寸相应减少。

6.38　卫生器具安装的允许偏差和检验方法

卫生器具安装的允许偏差和检验方法见表 6–20。

表 6–20　　　　　　卫生器具安装的允许偏差和检验方法

项　　目		允许偏差（mm）	检验方法
坐标	单独器具	10	拉线、吊线、尺量检查
	成排器具	5	
坐标	单独器具	±15	
	成排器具	±10	
器具水平度		2	用水平尺、尺量检查
器具垂直度		3	吊线、尺量检查

6.39　卫生器具给水配件安装标高的允许偏差和检验方法

卫生器具给水配件安装标高的允许偏差和检验方法见表 6–21。

表 6–21　　　　卫生器具给水配件安装标高的允许偏差和检验方法

项　　目	允许偏差（mm）	检验方法
大便器高、低水箱角阀及截止阀	±10	尺量检查
水嘴	±10	
淋浴器喷头下沿	±15	
浴盆软管淋浴器挂钩	±20	

6.40　室外给水管道的允许偏差和检验方法

室外给水管道的允许偏差和检验方法见表 6–22。

表 6–22　　　　　　室外给水管道的允许偏差和检验方法

项　　目			允许偏差（mm）	检验方法
坐标	铸铁管	埋地	100	拉线、尺量检查
		敷设在沟槽内	50	
	钢管、塑料管、复合管	埋地	100	
		敷设在沟槽内	40	
标高	铸铁管	埋地	±50	拉线、尺量检查
		敷设在沟槽内	±30	
	钢管、塑料管、复合管	埋地	±50	
		敷设在沟槽内	±30	
水平管纵横向弯曲	铸铁管	直段（25m 以上）起点—终点	40	拉线、尺量检查
	钢管、塑料管、复合管	直段（25m 以上）起点—终点	30	

6.41 给水与洗衣机连接

给水与洗衣机连接如图 6-50 所示。

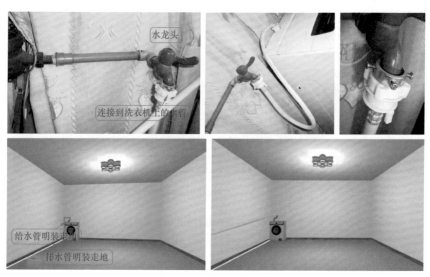

图 6-50　给水与洗衣机连接

6.42 给水与热水器连接

给水与热水器连接如图 6-51 所示。

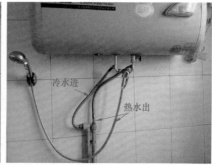

图 6-51　给水与热水器连接（一）

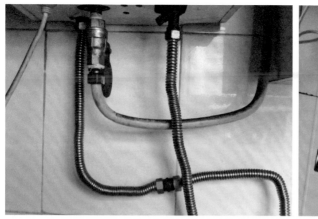

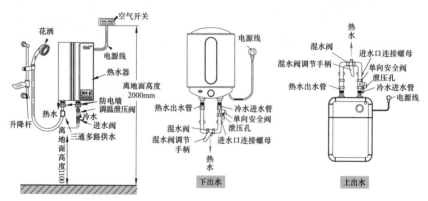

图 6-51 给水与热水器连接（二）

6.43 其他设施给水连接

其他设施给水连接如图 6-52 所示。

图 6-52 其他设施给水连接（一）

图 6-52 其他设施给水连接（二）

第 7 章

排水明装

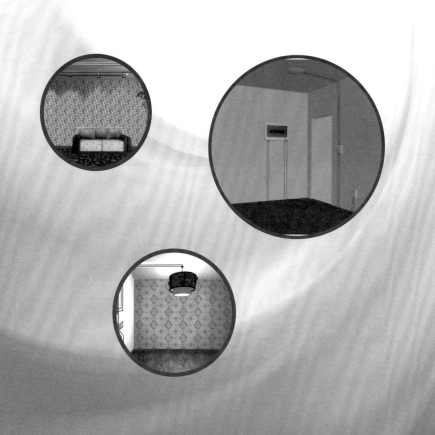

▶ 7.1 ▧ 排水系统的分类

高层建筑的排水系统，根据其排水水质分为以下几类：

（1）粪便污水排水系统。排除从大便器、小便器、净身盆排出的污水，其中含有便纸、粪便、杂质等。

（2）生活废水排水系统。排除从卫生器具排出的各种洗涤废水，其中含有洗涤剂、洗涤下来的皮屑、毛发、细小的悬浮物等。

（3）生活污水排水系统。排除生活废水、粪便污水的排水系统。

（4）雨水内排水系统。排除屋面的雨水，其中含有从屋面冲刷下来的灰尘等。

（5）厨房污水排水系统。排除厨房内洗涤、烹调用后的污水，其中含有油脂、食物碎屑等。

（6）其他排水系统。排除洗车、冲洗汽车库地面的污水，各种水池的排放水与部分冷却水等。

排水管如图 7-1 所示。农村雨水管道一般安放在房屋一角，如图 7-2 所示。

图 7-1　排水管　　　　　　　图 7-2　农村雨水管道

排水系统采用分流或合流，需要根据建筑性质、规模、污水性质、污染程度，以及结合市政排水制度、处理要求来综合确定。污水排放方式如图 7-3 所示。

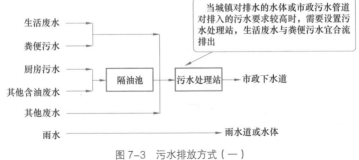

图 7-3　污水排放方式（一）

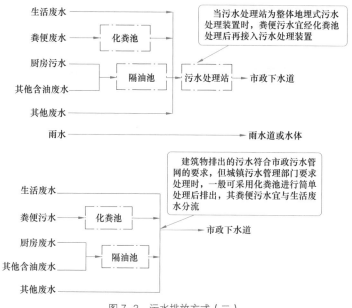

图 7-3 污水排放方式（二）

建筑物排出的污水温度过高时，需要进行降温后再排入下水道。

7.2 排水系统的特点

（1）高层建筑排水系统污水在排水立管中的流动，与一般的重力流、压力流不同，是一种不稳定的气–水两相流。

（2）高层建筑中，由于排水立管长、水量大、流速高，往往引起管道内的气压波动大，并且可能形成水塞，造成卫生器具溢水、水封被破坏等情况。

（3）排水系统管道需要布置合理，水力条件好，能够迅速排出污水。

（4）尽可能使排水系统的管道内保持气压稳定，防止水塞的形成与水封被破坏。

（5）排水系统管道安装要牢固，并且能够防振、隔振、减少噪声。

（6）排水系统管道能够方便检修。

各种排水系统的安装如图 7-4 所示。

7.3 排出管中的水流特点

建筑排水系统由卫生器具、器具排水管、横支管、立管、排出管、通气管等组成。水流在不同的管段中的流动情况不同，形成各自的特点。

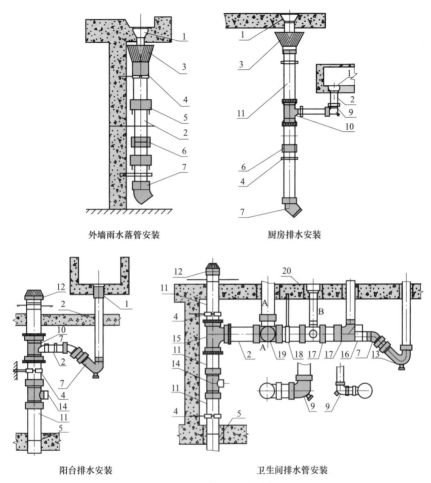

外墙雨水落管安装　　　　厨房排水安装

阳台排水安装　　　　　　卫生间排水管安装

图 7-4　各种排水系统的安装

1—地漏；2—直管；3—雨水斗；4—管卡；5—伸缩节；6—管道；7—45°弯头；8—斜三通；9—带检查口的 90°弯头；10—异径消音三通；11—内螺旋消音管；12—透气帽；13—P 形弯头；14—检查口；15—消音正三通；16—变径管；17—异径三通；18—吊卡；19—正三通；20—防臭地漏

排水横支管中的水流运动的特点：

（1）排水横支管接纳各卫生器具排水管的来水。

（2）卫生器具排水是间歇性排水，历时短、流率高、水流迅猛且具有冲击性。

（3）当水流突然排放，在器具排水管与横支管的连接处（端部弯头或三通），水流首先冲击对面的管壁，然后冲向下游，水流紊乱并与管道中的空气剧烈混合，形成波动的气水混合流，产生水跃。

（4）波顶达到管顶产生一段长度的满流，形成水塞流动。水塞的下游形成正压，水塞的上游形成负压。

（5）水流经过一段时间、距离的流动后，能量损失，水面逐渐下降，流速减小，趋向平稳流动。

（6）各横支管内的水流不应超过最大充满度的要求，使空气能在水面上自由流动，以及能够容纳一定的高峰负荷。

（7）超负荷的情况仍有可能发生，特别是在横支管上连接的卫生器具较多时，为保持管内气压稳定，则需要在负压区补入空气，在正压区排泄空气，也就是需要设置通气支管。

排水立管中的水流运动的特点：

（1）排水立管中的水流状态是随管道中水流充满情况而变化的。

（2）立管初期水量一般较小，水流沿着管内壁呈不规则的螺旋状向下流动。立管中央部分的空气能正常流通，管内气压稳定。

（3）随着水量的增加，沿着管内壁的细小水流逐渐连接成片，覆盖住管壁，形成具有一定厚度的水膜。当水量逐渐增加，水膜达到一定厚度时，受空气阻力和管壁摩擦阻力的作用，水膜从管壁上分离出来，膜面相接而形成隔膜。水量继续增加，隔膜的形成更加频繁，变为不易破碎的水塞流，引起立管内压力的激烈波动。

排水立管中的压力变化的特点：

（1）生活粪便污水在立管中的水流运动，不仅是气水两相流。实际上水流中还掺有粪便、纸团等固态物，实际上是一个固、液、气三相流。

（2）随着流量的增加，容易提早出现隔膜流和水塞流，形成一种固、液、气三相混合的水团在管道中流动。

（3）水团从排水横支管流入立管后，即有水沿管壁呈膜流流动，也有固体的垂直下落。在水团的上侧形成负压区，在水团下侧的一定距离处形成正压区。

（4）由于管壁和空气的阻力，排水立管中的水流在下落一定距离后，重力与阻力达到平衡时，便保持匀速运动。

排出管中的水流运动的特点：

（1）立管内水流下落距离较长时，水流以很高的速度进入排出管。在水流方向由垂直下落转入水平流动时，水流的一部分动能转变为位能，形成水跃。如果水量小，排出管的坡度大，水跃就不易形成。如果水量较大、水流方向急剧转变，会发生满流水跃而成为水塞，严重时甚至造成回压，使距离排出管高度较小的底层卫生器具存水弯的水封破坏，发生喷溅。

（2）为了避免水流在下降过程中产生过大的压力波动而破坏卫生器具的水封，需要使立管中的流量控制在一定的范围内，也就是对各种管径的立管，确定一个最大允许流量值（立管的排水能力）。立管最适当的流量是控制立管内水流呈环膜流状态的范围，这时水流充满立管断面的 1/4~1/3。污水立管的最大排水能力也可以根据该原则，以及考虑通气方式来确定。

▷ 7.4 排水管道的布置

排水管道布置的基本原则：

（1）排水路径简捷，水流顺畅。

（2）避免或减小系统管道中气压的剧烈变化。

（3）尽量避免排水管道对其他用房功能的影响、干扰。

（4）施工安装、维修方便。

排水管道的布置如图 7-5 所示。

图 7-5 排水管道的布置

排水系统的要求与特点：

（1）所有高出地面的卫生器具、排水设备的排水，需要重力排入室外下水道。

（2）所有低于地面的卫生器具、排水设备的排水，需要重力排入集水坑，然后提升排到重力流排水管中。

（3）超过 10 层的建筑物，底层的卫生器具，需要单独设置排出管或排入提升系统。

（4）超过 20 层的建筑物，宜将地面以上最底下的 2~3 层的卫生器具设立管单独排出。

（5）建筑物的上部、下部房间平面布置不同，要求排水立管数量也完全不同时，可将排水系统分成两个区。一个区为上部房间服务，另一个区为下部房间服务，如图 7-6 所示。

（6）高层建筑的雨水系统与生活污水系统应分流排出。

（7）地下车库应设带有格栅的地沟与连接地沟的排水管，以便排除冲洗地面水、洗车水、喷淋装置、其他消防排水。

（8）汽车库的排水在接入排水干管前，应先接到油水分离器或隔油池和沉砂池（井）的单独系统中。

（9）在汽车库进出口的坡道底部与坡道 1/2 处应设截流排水沟。

 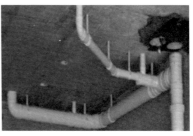

图 7-6　分区排水

排水管道布置与连接要求与特点：

（1）布置排水管道时，尽量避免排水横支管过长，并避免支管上连接卫生器具或排水设备过多。

（2）排水器具分散使得横支管过长时，宜采用多立管布置，然后在立管的底部用横管连接。

（3）当排水支管上连接的器具较多时，应做好器具通气管、环形通气管。

（4）排水管道应避免通过食堂、餐厅或厨房烹调处的上方。如果不可避免，应对管道采取保温隔热等措施。

（5）排水管道应尽量避免穿过卧室、病房、会议室、音乐厅等对卫生与安静要求较高的房间。

（6）排水支管不应接在排出管上。排水支管连接在排水横干管上时，连接点距立管底部的水平距离不宜小于 3m，且支管应与主通气管连接。

（7）排水横支管与立管的连接，宜采用正三通而不宜采用 45° 或 90° 斜三通。

（8）排水立管与排出管的连接，宜采用弯曲半径不小于 4 倍管径的 90° 弯头或两个 45° 的弯头。

（9）车库埋地排水管，需要采用 U 形存水弯代替 P 形存水弯。

7.5　生活排水用硬聚氯乙烯管材的选用

生活排水用硬聚氯乙烯管材的选用见表 7-1。

聚氯乙烯（PVC）管材规格见表 7-2。

表 7-1   生活排水用硬聚氯乙烯管材选用

建筑类别及建筑高度	实壁加厚管	建筑排水管	芯层发泡管	普通螺旋单立管系统	特殊螺旋单立管系统	双层轴向中孔排水管
多层住宅，多层公共建筑	—	√	√	√	√	√
50m 以下的高层建筑	—	√	√	√	√	√
50m 及以上的高层建筑	√	√	—	—	√	√

注　1. "√"宜选用的管材，"—"不推荐采用的管材，下同。
　　2. 特殊螺旋单立管排水系统应包括配套管件、旋流器等。

表 7-2   PVC 管材的外径及壁厚

公称外径 DN（mm）	平均外径极限偏差（mm）	壁厚（mm）	
		基本尺寸	极限偏差
40	+0.3 0	2.0	+0.4 0
50	+0.3 0	2.0	+0.4 0
75	+0.3 0	2.3	+0.4 0
90	+0.3 0	3.2	+0.6 0
110	+0.4 0	3.2	+0.6 0
125	+0.4 0	3.2	+0.6 0
150	+0.5 0	4.0	+0.6 0

▶ 7.6 生活排水用氯化聚氯乙烯、聚丙烯及共混管材的选用

生活排水用氯化聚氯乙烯、聚丙烯及共混管材的选用见表 7-3。

表 7-3   生活排水用氯化聚氯乙烯、聚丙烯及共混管材的选用

建筑类别及建筑高度	氯化聚氯乙烯管（PVC-C）	苯乙烯＋聚氯乙烯共混（SAN+PVC）管	高密度聚乙烯排水管（HDPE）		聚丙烯排水管（PP）	聚丙烯复合管（静音管）
	—	S25	S16	S16	S12.5	S16	—
多层公共建筑	—	√	—	√	—	√	√
50m 以下的高层建筑	—	√	—	√	—	√	√

续表

建筑类别及建筑高度	氯化聚氯乙烯管（PVC-C）	苯乙烯+聚氯乙烯共混（SAN+PVC）管		高密度聚乙烯排水管（HDPE）		聚丙烯排水管（PP）	聚丙烯复合管（静音管）
	—	S25	S16	S16	S12.5	S16	—
60m 及 30m 以上的高层建筑	—	—	√	—	√	—	√
经常有热水排放的公共建筑	√	√	√	√	√	√	√

注　经常有热水排放的公共建筑应采用高温，高低温排水管，排水温度不大于 70℃且瞬时温度不大于 90℃。

别墅、多层公寓、新农村新建房屋的污废水管道一般选用硬聚氯乙烯（PVC-U）平壁排水管材。如果对排水噪声要求较高，可以采用硬聚氯乙烯（PVC-U）内螺旋或柔性接口铸铁排水管材。高层公寓转换层以上的污废水管道，可以选用硬聚氯乙烯（PVC-U）内螺旋排水管材，也可以选用柔性接口铸铁排水管。高层公寓转换层及地下室宜选用柔性接口铸铁排水管。

▶ 7.7　室内水平排水支管、干管

室内水平排水支管、干管如图 7-7 所示。

室内水平排水支管、干管的应用范围：建筑内水平安装的污水、废水、雨水排水管道。

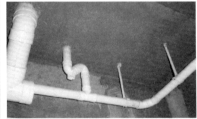

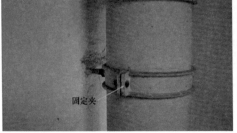
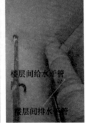

图 7-7　室内水平排水支管、干管（一）

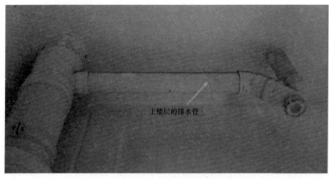

图 7-7　室内水平排水支管、干管（二）

　　室内水平排水支管、干管的安装部位：吊顶、夹层、设备层、地下室、地坪下暗设或明装。

　　室内水平排水支管、干管的管材规格：一般公称直径在 50~200mm 范围内。

　　室内水平排水支管、干管的管材要求：水力性能好、流动阻力小、耐老化、耐腐蚀、外观稳定、内壁光滑、不易阻塞、无结垢、无泄漏、安装及维修方便等。

　　室内水平排水支管、干管常用的管材包括：

　　（1）别墅、多层公寓的污废水管道一般选用硬聚氯乙烯（PVC-U）平壁管或柔性接口铸铁排水管材。

　　（2）高层公寓横支管选用硬聚氯乙烯（PVC-U）平壁排水管，横干管可以选用柔性接口铸铁排水管。地下室的污水、废水管（包括出墙部分）可以选用柔性接口铸铁排水管。

▶ 7.8 ⁞ 存水弯与弯头

　　存水弯和弯头分别如图 7-8 和图 7-9 所示。

存水弯按接口方式可分为承插式和丝扣式两类，按外形还可分为P形和S形。安装时宜选用P形存水弯。

构造内无存水弯的卫生器具与生活污水管道或其他可能产生有害气体的排水管道连接时，必须在排水口以下设存水弯，存水弯的水封深度不得小于50mm。

双承口P形存水弯规格　mm

直径	H	L	D	G	θ
50	30	131	26.25	25	45
75	50	188	83.00	50	45
100	50	228	110.80	75	45

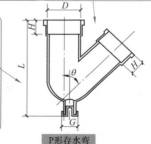

P形存水弯

图 7-8　存水弯（一）

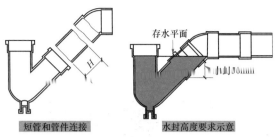

短管和管件连接　　　　水封高度要求示意

图 7-8　存水弯（二）

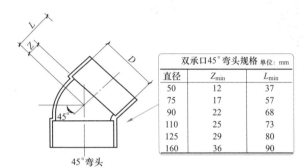

双承口45°弯头规格 单位：mm		
直径	Z_{min}	L_{min}
50	12	37
75	17	57
90	22	68
110	25	73
125	29	80
160	36	90

45°弯头

图 7-9　弯头

7.9　室外排水管道

室外排水管道如图 7-10 所示。

室外排水管道的范围：室外的污废水、雨水排水管道。

室外排水管道安装部位：室外道路、绿化带等。

室外排水管道管材要求：较好的水力性能、强度高、刚性好、抗震耐压、耐腐蚀、耐老化、内壁光滑、流通量大、不易阻塞、安装维护方便等。

室外排水管道的常用材质：

（1）硬聚氯乙烯（PVC–U）平壁管：管壁截面均质实心、管壁截面相等的管材。新农村房屋常用管径 110mm 或者 75mm 的该种管材作为出墙排水管道。

（2）硬聚氯乙烯（PVC–U）双壁波纹管和高密度聚乙烯（HDPE）双壁波纹管：管壁截面为双壁结构，内壁表面光滑、外壁为等距排列的空芯环肋结构。该种管材采用橡胶密封圈承插式接口。

（3）硬聚氯乙烯（PVC–U）环肋加筋管：内壁光滑，外壁带有等距排列的 T 形环肋。该种管材既减薄了管壁厚度，又增大了管材的刚度，提高了管材承受外荷载的能力。该种管材采用橡胶密封圈承插式接口、施工安装方便。

（4）高密度聚乙烯（HDPE）螺旋缠绕管：由带有等距排列的 T 形肋的带材

通过螺旋卷管机卷成不同直径的管材。该种管材的特点是质量轻、刚性好、耐腐蚀、流通能力大。

（5）钢筋混凝土排水管：该种管材可用于管径大于500mm的排水管道，主要用于公共排水系统。

图 7-10　室外排水管道

>> 7.10 硬聚氯乙烯（PVC-U）管材及配件的运输、堆放

硬聚氯乙烯（PVC-U）管材及配件运输时，需要查看车厢是否有突出坚硬物体，承插口需要交替平行摆放，如图7-11所示，承口部分需要悬出插口端部。硬聚氯乙烯（PVC-U）管材及配件运输时，严禁抛扔与激烈碰撞。

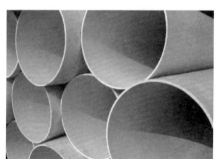

图 7-11　PVC-U 管材的堆放

硬聚氯乙烯（PVC–U）管材及配件堆放时，场地需要平整夯实，堆放高度一般不宜超过 1.5m，以免引起管材弯曲变形。对于承插口管材，相邻层管材承口需要相互倒置，并且让出承口部分，防止承口受集中载荷变形。另外，堆放时需要避免阳光曝晒，以免管材变形与老化。

硬聚氯乙烯（PVC–U）管件存放温度一般不宜超过 40℃，并且不可使管件横向受力，以免引起管件变形或不圆度过大。

▶ 7.11 聚氯乙烯（PVC）管道的支撑

PVC 管的支撑与最大支承间距如图 7–12 所示。

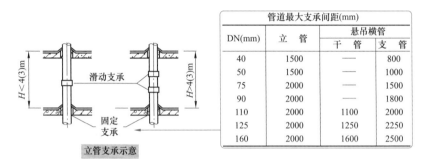

管道最大支承间距(mm)			
DN(mm)	立　管	悬吊横管	
		干　管	支　管
40	1500	——	800
50	1500	——	1000
75	2000	——	1500
90	2000	——	1800
110	2000	1100	2000
125	2000	1250	2250
160	2000	1600	2500

图 7–12　PVC 管的支撑与最大支承间距

▶ 7.12 聚氯乙烯（PVC）伸缩节的安装

聚氯乙烯（PVC）伸缩节的安装如图 7–13 所示。

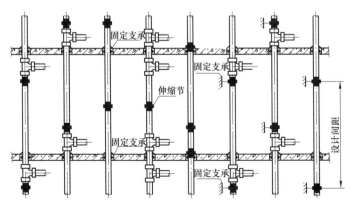

图 7–13　聚氯乙烯（PVC）伸缩节的安装（一）

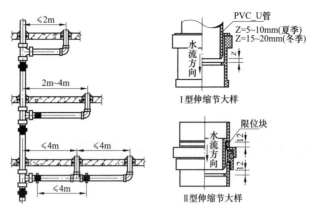

图 7-13　聚氯乙烯（PVC）伸缩节的安装（二）

7.13 吸气阀的特点与安装

吸气阀的特点与安装如图 7-14 所示。

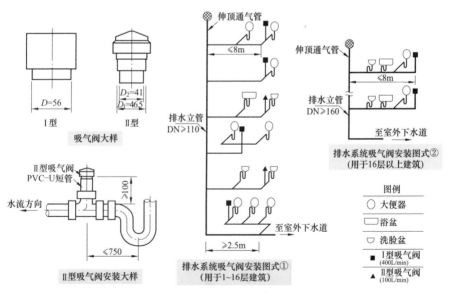

图 7-14　吸气阀的特点与安装

7.14 阻火圈的特点与安装

阻火圈的特点与安装如图 7-15 所示。

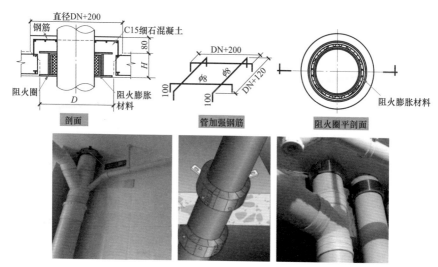

图 7-15 阻火圈的特点与安装

7.15 立管简易消防装置

立管简易消防装置如图 7-16 所示。

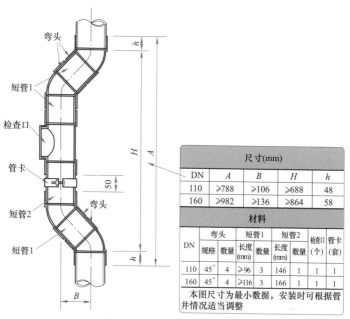

尺寸(mm)				
DN	A	B	H	h
110	≥788	≥106	≥688	48
160	≥982	≥136	≥864	58

材料							
DN	弯头		短管1		短管2	检查口	管卡
	规格	数量	长度(mm)	数量	长度(mm)	数量	(个)	(套)
110	45°	4	≥96	3	146	1	1	1
160	45°	4	≥116	3	166	1	1	1

本图尺寸为最小数据，安装时可根据管井情况适当调整

图 7-16 立管简易消防装置

7.16 立管安装

立管安装的示意图如图 7-17 所示。

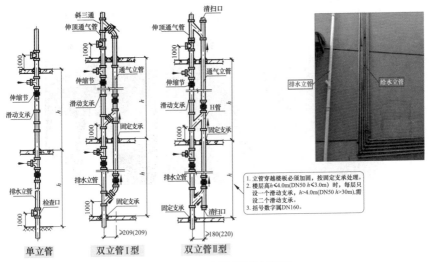

图 7-17 立管安装的示意图

7.17 横管安装

横管安装的示意图如图 7-18 所示。

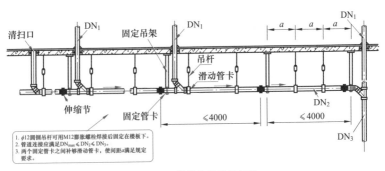

图 7-18 横管安装的示意图

7.18 固定吊架

固定吊架的示意图如图 7-19 所示。

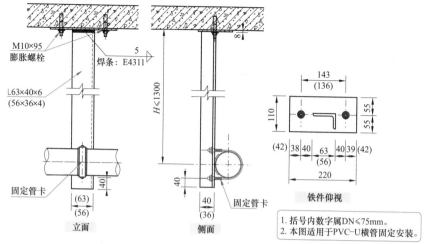

图 7-19　固定吊架的示意图

7.19 两用管卡

两用管卡的示意图如图 7-20 所示。

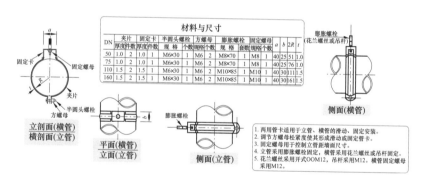

图 7-20　两用管卡的示意图

7.20 固定管卡

固定管卡的示意图如图 7-21 所示。

7.21 PVC 排水管的切断

直径小的 PVC 排水管的切断可以采用专用 PVC 排水管切断钳。直径大的 PVC 排水管的切断可以采用手工锯、砂轮机等，如图 7-22 所示。PVC 排水管切断时，最好画好线，然后沿着线剪切，这样 PVC 排水管的切断切口就整齐一些。

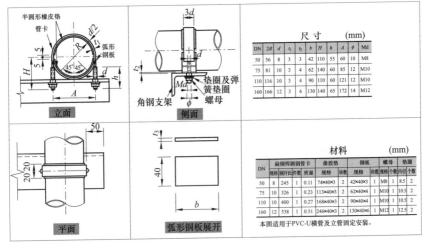

图 7-21　固定管卡的示意图

图 7-22　PVC 排水管的切断工具

>>> 7.22 建筑排水管道施工准备工作

（1）所有进场材料的产品质量需要符合国家或行业现行标准，需要具有合格证或质保书。同类用途的管材、管件、连接配件、粘结剂、橡胶密封件等必须使用同一品牌或生产厂家的系列配套产品，管道连接的专用机具也尽量使用管材管件生产企业提供或认可的。

（2）检查排水系统的管材、管件生产企业提供的检验报告或认证文件是否符合国家有关标准的规定。目前，建筑排水管道禁止使用砂模铸造铸铁排水管、直径不大于 500mm 的混凝土与钢筋混凝土排水管。

（3）熟悉施工图纸，核对排水管道与其他专业管线的走向、位置和标高是否有交叉或冲突，管道排列是否合理，并对施工人员进行施工方案、图纸技术交底。

（4）新型管材的连接施工，操作人员须经过施工技术培训。现场管理人员须熟悉各种新型管材施工工艺、操作要点。

（5）排水系统的管材与管件的截面应呈圆形，内外表面光滑，色泽一致，壁厚均匀，标记清晰，无凹陷或明显损伤，内衬材料平整，不得有气泡、裂纹、分层与脱落等缺陷存在。不得使用有明显损伤与其他质量缺陷的管材、管件。

（6）检查管材切割工具、施工机械、连接机具、其他工装设备是否满足管道安装的施工工艺要求。

（7）检查是否具备管道安装的施工条件。

（8）施工材料、施工力量、施工机具、施工现场的用水、用电、材料储存场地等条件需要能够满足施工需要，保证正常施工。

排水管如图 7-23 所示。

图 7-23 排水管

7.23 排水管道施工的要求与规定

（1）排水管道不得穿过沉降缝、抗震缝、烟道和风道，不宜穿越伸缩缝。当不可避免确需穿越伸缩缝时，需要设置伸缩节。

（2）管道穿越地下构筑物外墙时，需要采取防水措施。

（3）排水立管、横管穿越墙壁和楼板，需要设置金属或塑料套管。公共部位楼板内套管的顶部应高于装饰地面 20mm，卫生间及厨房内的套管，其顶部应高于装饰地面 50mm，底部应与楼板底面相平；安装在墙体内套管两端与饰面相平。

（4）排水管道安装宜自下向上分层进行，先安装立管，后安装横管，连续施工。安装间断时，管道敞口处需要临时封闭。

（5）排水管道穿越楼板与墙的洞口，需要按规定严密封堵，接合部位的防渗漏措施应牢固可靠，严禁在接合部位出现渗漏水现象。

（6）排水管道的支吊架间距和支座位置必须符合有关要求。管道的三通、转弯处、立管底部必须设置支吊架或支座。采用金属制作的管道支吊架，需要在管道与支架间加非金属衬垫或套管。

（7）排水管道需要根据设计规定设置检查口或清扫口，检查口位置朝向应便于检修。当排水管在管道井、管窿或吊顶内设置时，在检查口或清扫口部位需要设检修门（孔）。

（8）立管应垂直安装，横管坡度、标高需要符合有关规定。立管管件外缘与装饰墙面的距离不应小于 25mm，不宜大于 50mm。安装前，应确定立管与装饰墙面的距离。

（9）施工完毕后，排水管道需要严格进行通水通球试验。

7.24 排水用硬聚氯乙烯（PVC–U）管材连接的施工方法与要点

（1）排水用硬聚氯乙烯（PVC–U）可以采用 PVC–U 平壁排水管、PVC–U 内螺旋排水管等。

（2）排水用硬聚氯乙烯（PVC–U）可以采用粘接承插连接、螺母挤压密封圈连接等方式。

（3）粘接承插连接一般适合于管径 dn ≤ 110mm 的室内排水管道安装。

（4）粘接承插连接要点如下：

1）切割管材，必须使断面垂直于管子轴线，并且切割后去除断面上的飞边、毛刺。

2）涂刷胶黏剂前，需要先用清洁棉纱或干布将管件承口、管端插口擦拭干净，并且保持粘接表面清洁干燥。当表面有油污时，需要用棉纱蘸丙酮擦拭干净。

3）将承插口进行插入试验，插入深度大约为承口的 3/4 深度，并用记号笔做好标记。

4）采用毛刷沿轴向涂刷粘接剂，可以先涂抹承口后涂抹插口，并且要求动作迅速，涂抹需要均匀，涂抹的粘接剂需要适量，不得漏刷或涂抹过厚。涂刷粘接剂后，需要在 20s 内完成粘接。

5）涂刷胶粘剂后，需要立即找正方向对准轴线，迅速将插口插入承口，用力推挤到所标记的深度。插入后将管子旋转 1/4 圈，在 30~60s 时间内保持施加的外力不变，并且保证接口平直、位置正确。

6）承插接口粘接完毕，需要立即将接头处多余的胶粘剂用棉纱或干布擦除干净，并根据胶粘剂性能、气候条件静置，直到接口固化。

（5）螺母挤压密封圈连接一般适合于管径 DN 不小于 50mm 的室内外排水管道安装。

（6）螺母挤压密封圈连接要点：

1）切割管材，去除断面上的飞边、毛刺，并将管端插口与管件承口表面擦拭干净。

2）根据管件要求插入管件深度，在管道插口表面画出插入长度标记。

3）连接管件需要采用螺母挤压密封圈管件时，需要正确组装螺母、螺纹接头、密封圈，不得出现装反或扭曲等异常现象。

4）确认管件与密封圈组装无误后，需要将管端插口插入承口到标记深度，以及校正方向与管口位置。管端与插口底面的间隙需要符合管材伸缩量的有关规定。

5）先用手拧紧螺母，然后用专用工具加以坚固。拧紧力要适当，防止螺母胀裂。

（7）PVC-U 排水管材一般适用于建筑高度不大于 100m、连续排放温度不大于 40℃、瞬间排放温度不大于 80℃的排水管道。

（8）PVC-U 内螺旋排水管（见图 7-24）一般仅限用于建筑室内竖向安装的排水立管，其连接方式必须采用可伸缩的螺母挤压密封圈连接。排水横管与立管的连接，一般宜采用螺母挤压密封圈连接。内螺旋管件一般必须采用专用的连接配件。

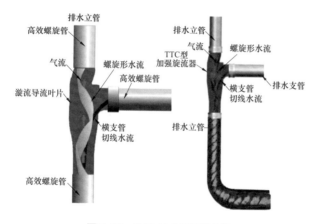

图 7-24　PVC-U 内螺旋排水管

（9）PVC-U 排水管需要根据管道的伸缩量与有关要求设置伸缩节，伸缩节的最大间距不应超过 4m。当层高不大于 4m 时，采用螺母挤压密封圈连接的排水管道可不设伸缩节。

（10）立管需要垂直，横管坡度、标高应符合有关规定。

（11）排水横干管不宜穿越防火分区隔墙、防火墙。当不可避免确需穿越时，需要在管道穿越墙体处的两侧采取防止火灾贯穿的措施。

（12）PVC-U 排水管与钢管、铸铁管、卫生器具等连接时，采用专用配件。

（13）PVC-U 排水管粘接施工场所，需要保持通风，严禁明火，环境温度不宜低于 0℃。

（14）PVC–U 排水管粘接操作人员应站于上风处，并且需要佩戴防护手套等劳动防护用品。

说明：PVC–U 平壁管、PVC–U 环肋加筋管、PVC–U 双壁波纹管、HDPE 双壁波纹管、HDPE 螺旋缠绕管也适用作为埋地塑料排水管。

▶ 7.25 排水用柔性接口铸铁管施工方法与要点

（1）排水用柔性接口铸铁管连接方式有卡箍式柔性连接、法兰式柔性连接等。

（2）柔性接口铸铁管一般宜明设，也可以根据需要在管道井（管窿）、吊顶、管槽内暗设及埋地敷设。

（3）柔性接口铸铁管的接口不得设置在楼板、屋面、墙体等结构层与套管内，并且与墙、梁、板的净距离不宜小于 150mm。

（4）用于同一建筑工程排水系统的柔性接口铸铁管、管件、卡箍、法兰压盖、橡胶密封圈等接口零部件尽量采用同一品牌，以确保管道接口的密封性、可靠性。

（5）卡箍式柔性接口的卡箍件材质一般需要采用不锈钢。法兰承插式接口的紧固件材质，一般采用热镀锌碳素钢。

（6）卡箍式柔性连接一般适合于明装和有观感要求的场所。

（7）卡箍式柔性接口有 I 型、W 型等接口形式。DN50~DN100 排水管道一般采用 I 型接口，DN125~DN300 一般采用 W 型接口，如图 7-25 所示。

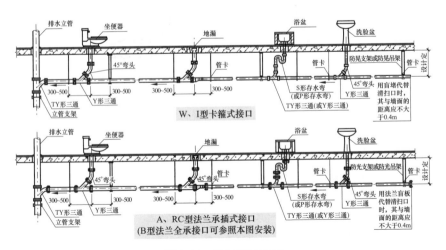

图 7-25　排水用柔性接口

（8）法兰承插式柔性连接一般适合于暗装或埋地和相对隐蔽的场所。

（9）对于柔性接口铸铁排水管的安装，其上部管道重量不应传递给下部管道。立管重量应由支架承受，横管重量应由支（吊）架承受。

（10）排水立管需要采用管卡在柱上或墙体等承重结构部位锚固。当墙体为轻质隔墙时，立管可在楼板上用支架固定，横管应利用支（吊）架在柱、楼板、结构梁或屋架上固定。

（11）管道支（吊）架位置设置需要正确，埋设应牢固。为避免不锈钢卡箍产生电化学腐蚀，卡箍式接口排水铸铁管的支（吊）架管卡或吊卡不应设置在卡箍部位。

（12）柔性接口铸铁排水立管底部与排出管端的连接，应采用两个 45° 弯头，并且在立管底部设置支墩或支架等固定措施。

（13）排水立管每层设支架固定，支架间距不宜大于 1.5m。层高小于或等于 3m 时，可以只设一个立管支架。卡箍式接口立管支架，需要设在接口处卡箍下方。法兰承插式接口立管支架，需要设在承口下方，并且与接口间的净距不宜大于 300mm。

（14）排水横管每 3m 管长，需要设两个支（吊）架，并且支（吊）架需要靠近接口部位（卡箍式接口不得将管卡套在卡箍上，法兰承插式接口需要设在承口一侧），以及与接口间的净距不宜大于 300mm。

（15）排水横管起端与终端，一般采用防晃支架或防晃吊架固定。当横干管长度较长时，为防止管道水平位移，横干管直线段防晃支架或防晃吊架的设置间距不应大于 12m。

（16）管道安装完毕后，需要根据有关规范、规定进行灌水和通球试验，根据有关要求涂刷防腐材料，以及清除管外壁在安装期间粘结的污垢、水泥浆。

柔性接口铸铁管如图 7-26 所示。

卡箍式柔性接口安装、连接步骤：

1）安装前，需要将铸铁管、管件内外表面与接口部位上的污垢、杂物清除干净。

公称直径DN(mm)	封闭区直管段最小长度(mm)	管口安装间隙D(mm)
50	30	2.5
75	35	2.5
100	40	3
125	45	4
150	50	4
200	60	5
250	70	5
300	80	5

I 型卡箍式接口型式
（DN50~300）

图 7-26　柔性接口铸铁管

2）根据需要长度，把直管用夹具垂直固定，用砂轮机切割断开，并且要求切口垂直，不得有飞边、毛刺。切口处打磨光滑，以免损伤橡胶密封圈。

3）用工具松开卡箍螺栓，取出橡胶密封圈，然后将卡箍套入下部管道。

4）先将橡胶圈套入下部管道一端，然后将上部管道套入橡胶圈，最后把卡箍套在橡胶圈表面。操作时，要保证两个接口平整对好，橡胶圈内挡圈与管口结合严密。

5）校准直管或管件的接口位置，再用扳手或螺钉旋具交替锁紧卡箍螺栓，使卡箍紧固到位。

6）调整、紧固支（吊）架的管卡螺栓，将管道固定即可。

排水横干管的安装坡度及直线管段检查口或清扫口之间的最大距离如图7-27所示，卡箍式接口鸭脚支撑弯头的固定如图7-28所示，排水立管的安装如图7-29所示，生活污水铸铁管道的坡度见表7-4。

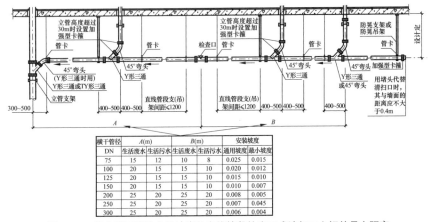

横干管径	A(m)		B(m)		安装坡度	
DN	生活废水	生活污水	生活废水	生活污水	通用坡度	最小坡度
75	15	12	10	8	0.025	0.015
100	20	15	15	10	0.020	0.012
125	20	15	15	10	0.015	0.010
150	20	15	15	10	0.010	0.007
200	25	20	25	20	0.008	0.005
250	25	20	25	20	0.007	0.045
300	25	20	25	20	0.006	0.004

图7-27　排水横干管的安装坡度及直线管段检查口或清扫口之间的最大距离

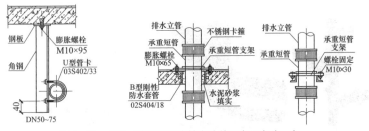

图7-28　卡箍式接口鸭脚支撑弯头的固定示意（一）

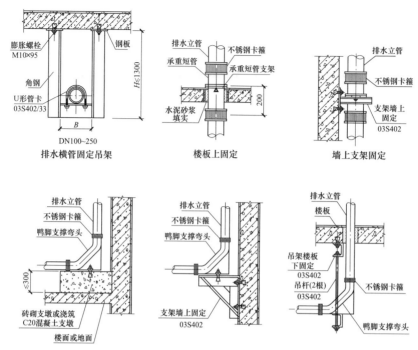

图 7-28 卡箍式接口鸭脚支撑弯头的固定示意（二）

表 7-4   生活污水铸铁管道的坡度

管径（mm）	标准坡度（‰）	最小坡度（‰）
50	35	25
75	25	15
100	20	12
125	15	10
150	10	7
200	8	5

7.26 生活污水塑料排水管道的坡度

生活污水塑料排水管道的坡度见表 7-5。

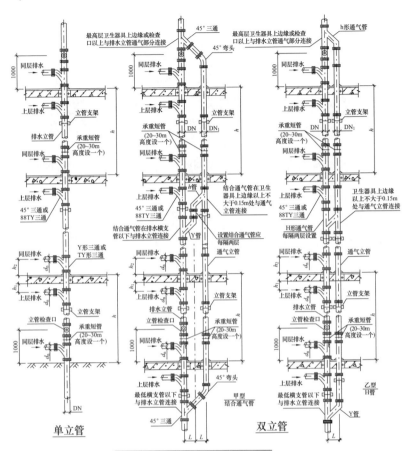

排水立管的安装（Ⅰ型卡箍式接口）

尺寸表

单位：mm

排水管		通气管	h_1		h_2		L
DN	d_n	DN_1	45°三通	88°TY三通	45°三通	88°TY三通	
50	50	50	≥200	≥200	≥225	≥200	—
75	50	50	≥200	≥200	≥240	≥200	
	75	75	≥200	≥200	≥265	≥245	183
100	50	75	≥250	≥250	≥250	≥220	197
	75		≥250	≥250	≥275	≥245	
	100	100	≥250	≥250	≥305	≥300	210
125	75	100	≥300	≥300	≥300	—	
	100		≥300	—	≥330	—	
	125	125	≥300	—	≥355	—	
150	75	100	≥300	≥300	≥310	—	235
	100	125	≥300	≥300	≥340	≥270	
	125		≥300	≥300	≥370	≥320	
	150	150	≥300	≥300	≥410	≥415	
200	100	125	≥350	≥350	≥375	≥330	
	125	150	≥350	—	≥405	—	
	150	200	≥350	≥350	≥445	≥395	

注 表中L无数据的H管、h管、Y管可咨询生产厂家根据需要进行加工。

图 7-29 排水立管的安装（一）

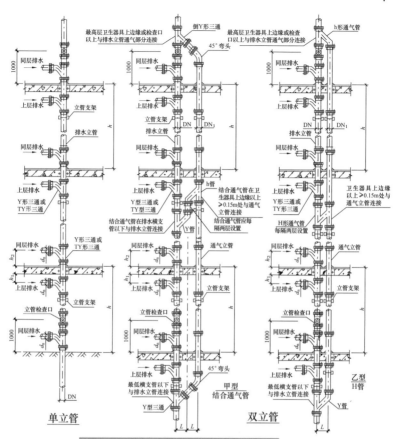

排水立管的安装 （A、RC型法兰承插式接口
B型法兰全承式接口）

尺寸表

单位：mm

排水管		通气管	h_1	h_2				L	
				A、B型接口		RC型接口		A、B型接口	RC型接口
DN	dn	DN₁		Y型三通	TY型三通	Y型三通	TY型三通		
50	50	50	≥250	≥375	≥270	≥370	≥300	—	—
75	50	50	≥250	≥390	≥270	≥395	≥300	—	—
	75	75	≥250	≥420	≥320	≥430	≥340	150	180
100	50	75	≥250	≥390	≥350	≥400	≥310	150	215
	75		≥250	≥435	≥350	≥440	≥350		
	100	100	≥250	≥460	≥360	≥485	≥380	160	215
125	75	100	≥300	≥445	≥375	≥445	≥360		215
	100		≥300	≥445	≥300	≥500	≥375		
	125	125	≥300	≥470	≥400	≥540	≥380	180	215
150	75	100	≥300	≥480	≥415	≥450	≥350	180	215
	100	125	≥300	≥480	≥400	≥485	≥390		
	125		≥300	≥480	≥400	≥560	≥400	240	240
	150	150	≥300	≥535	≥435	≥615	≥450	240	240
200	100	125	≥350	—	≥440	≥510	≥400		
	125	150	≥350	—	—	≥550	≥435	300	240
	150	200	≥350	—	—	≥640	≥460	300	240

注 表中L无数据的H管、h管、Y管可咨询各生产厂家根据需要进行加工。

图 7-29 排水立管的安装（二）

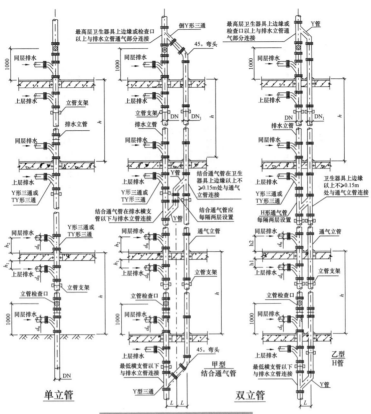

排水立管的安装(W型卡箍式接口)

尺寸表

单位：mm

排水管		通气管	h_1		h_2		L
DN	d_n	DN_1	Y型三通	TY型三通	Y型三通	TY型三通	
50	50	50	≥200	≥200	≥245	≥220	—
75	50	50	≥200	≥200	≥245	≥220	—
	75	75	≥200	≥200	≥275	≥275	140
100	50	75	≥250	≥250	≥245	≥220	150
	75		≥250	≥250	≥275	≥275	
	100	100	≥250	≥250	≥305	≥315	160
125	75	100	≥300	≥300	≥315	≥285	—
	100		≥300	≥300	≥345	≥340	—
	125	125	≥300	≥300	≥390	≥390	—
150	75	100	≥300	≥300	≥315	≥290	180
	100	125	≥300	≥300	≥345	≥340	—
	125		≥300	≥300	≥390	≥390	—
	150	150	≥300	≥300	≥420	≥440	—
200	100	125	≥350	≥350	≥360	≥350	—
	125	150	≥350	≥350	≥405	≥390	—
	150	200	≥350	≥350	≥435	≥420	—

注 表中L无数据的H管、Y管可咨询各生产厂家根据需要进行加工。

图 7-29　排水立管的安装（三）

表 7-5 生活污水塑料排水管道的坡度

管径（m）	标准坡度（‰）	最小坡度（‰）
50	25	12
75	15	8
110	12	6
125	10	5
160	7	4

7.27 排水塑料管道支吊架最大间距

排水塑料管道支吊架最大间距见表 7-6。

表 7-6 排水塑料管道支吊架最大间距 单位：m

管径（mm）	50	75	110	125	160
立 管	1.2	1.5	2.0	2.0	2.0
横 管	0.5	0.75	1.10	1.30	1.6

7.28 悬吊管检查口间距

悬吊管检查口间距见表 7-7。

表 7-7 悬吊管检查口间距

悬吊直径（mm）	检查口间距（mm）
≤ 150	≤ 15
≥ 200	≤ 20

7.29 卫生器具排水管道安装的允许偏差及检验方法

卫生器具排水管道安装的允许偏差及检验方法见表 7-8。

表 7-8 卫生器具排水管道安装的允许偏差及检验方法

检查项目		允许偏差（mm）	检验方法
横管弯曲度	每 1m 长	2	用水平尺量检查
	横管长度不大于 10m，全长	< 8	
	横管长度大于 10m，全长	10	

续表

检查项目		允许偏差（mm）	检验方法
卫生器具的排水管口及横支管的纵横坐标	单独器具	10	用尺量检查
	成排器具	5	
卫生器具的接口标高	单独器具	+10	用水平尺、尺量检查
	成排器具	+5	

▶ 7.30 连接卫生器具的排水管道管径与最小坡度

连接卫生器具的排水管道管径与最小坡度见表 7-9。

表 7-9　　　　　连接卫生器具的排水管道管径与最小坡度

卫生器具名称		排水管管径（mm）	管道的最小坡度（‰）
污水盆（池）		50	25
单、双格洗涤盆（池）		50	25
洗手盆、洗脸盆		32~50	20
浴盆		50	20
淋浴器		50	20
大便器	高低、水箱	100	12
	自闭式冲洗阀	100	12
	拉管式冲洗阀	100	12
小便器	手动、自闭式冲洗阀	40~50	20
	自动冲洗水箱	40~50	20
化验盆（无塞）		40~50	25
净身器		40~50	20
饮水器		20~50	10~20
家用洗衣机		50（软管为 30）	

▶ 7.31 排水横管的直线管段上检查口或清扫口之间的最大距离

排水横管的直线管段上检查口或清扫口之间的最大距离见表 7-10。

表 7-10　　　　排水横管的直线管段上检查口或清扫口之间的最大距离

排水管径（mm）	清扫附件	清扫口或检查口最大间距（m）		
		清洁废水	生活污水	含大量悬浮或沉淀物的污水
50~75	清扫口	10	8	6
50~75	检查口	15	12	10
100~150	清扫口	15	10	8

续表

排水管径 （mm）	清扫口或检查口最大间距（m）			
	清扫附件	清洁废水	生活污水	含大量悬浮或沉淀物的污水
100~150	检查口	20	15	12
200	检查口	25	20	15

7.32 排水立管或排出管上的清扫口至室外检查井中心的最大长度

排水立管或排出管上的清扫口至室外检查井中心的最大长度见表 7–11。

表 7–11　　排水立管或排出管上的清扫口至室外检查井中心的最大长度

管径（mm）	50	75	100	100 以上
最大长度（m）	10	12	15	20

7.33 生活排水立管的最大设计排水能力

生活排水立管的最大设计排水能力见表 7–12。

表 7–12　　　　　　　生活排水立管的最大设计排水能力

排水立管系统类型			最大设计排水能力（L/s）				
			公称外径 DN（mm）				
			50	75	110	125	160
伸顶 通气管	立管与横 支管连接 配件	90° 顺水三通	0.8	1.3	3.2	4.0	5.7
		45° 斜三通	1.0	1.7	4.0	5.2	7.4
专用 通气管	专用通 气管 DN75mm	结合通气管每 层连接	—		5.5	—	—
		结合通气管隔 层连接	—	3.0	4.4	—	—
	专用通 气管 DN110mm	结合通气管每 层连接	—		8.8	—	—
		结合通气管隔 层连接	—		4.8	—	—
主、副通气立管 + 环形通气管			—		11.5	—	—
自循环通 气管	专用通气形式		—		4.4	—	—
	环形通气形式		—		5.9	—	—
特殊 单立管	混合器		—		4.5	—	—
	普通内螺旋管 + 旋流器		—		3.5	—	—

注　除排水管道系统设主通气立管加环形通气管形，当排水层数大于 15 层时最大设计排水能力宜
　　乘以系数 0.9。生活排水立管管径不得小于接入横管的管径。

7.34 底层无通气管且单独排出的横管最大设计排水能力

当建筑物底层排水管未设通气管且单独排出时，其横管的最大设计排水能力可以根据表7-13来确定。

表 7-13　　　底层无通气管且单独排出的横管最大设计排水能力

排水横管公称外径 DN（mm）	50	75	110	125	160
最大排水能力（L/s）	1.0	1.7	2.5	3.5	4.8

7.35 洗涤盆与化验盆排水管的安装

洗涤盆与化验盆排水管的安装图例如图7-30所示。

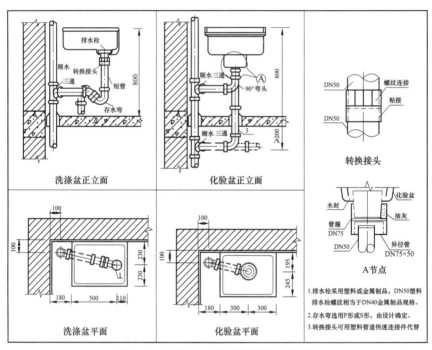

图 7-30　洗涤盆与化验盆排水管的安装图例

第 8 章

雨水、落水管道明装

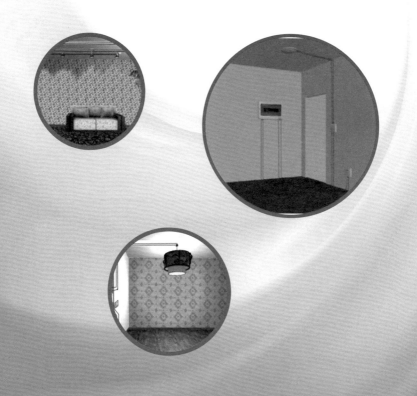

8.1 建筑用硬聚氯乙烯（PVC-U）雨落水管材与管件

建筑用硬聚氯乙烯（PVC -U）雨落水管材分为矩形管材及管件、圆形管材及管件，其具体规格如图 8-1 所示。

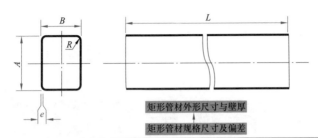

矩形管材外形尺寸与壁厚

矩形管材规格尺寸及偏差

单位：mm

规格	基本尺寸及偏差		壁厚 e		转角半径	长度 L	
	A	B	基本尺寸	偏差	R	基本尺寸	偏差
63×42	$63.0_{0}^{+0.3}$	$42.0_{0}^{+0.3}$	1.6	$_{0}^{+0.2}$	4.6	3000 4000 5000 6000	+0.4%~ −0.2%
75×50	$75.0_{0}^{+0.4}$	$50.0_{0}^{+0.4}$	1.8	$_{0}^{+0.2}$	5.3		
110×73	$110.0_{0}^{+0.4}$	$73.0_{0}^{+0.4}$	2.0	$_{0}^{+0.2}$	5.5		
125×83	$125.0_{0}^{+0.4}$	$83.0_{0}^{+0.4}$	2.4	$_{0}^{+0.2}$	6.4		
160×107	$160.0_{0}^{+0.5}$	$107.0_{0}^{+0.5}$	3.0	$_{0}^{+0.3}$	7.0		
110×83	$110.0_{0}^{+0.4}$	$83.0_{0}^{+0.4}$	2.0	$_{0}^{+0.2}$	5.5		
125×94	$125.0_{0}^{+0.4}$	$94.0_{0}^{+0.4}$	2.4	$_{0}^{+0.2}$	6.4		
160×120	$160.0_{0}^{+0.5}$	$120.0_{0}^{+0.5}$	3.0	$_{0}^{+0.3}$	7.0		

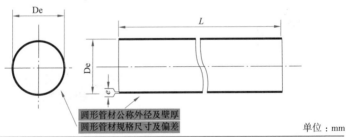

圆形管材公称外径及壁厚

圆形管材规格尺寸及偏差

单位：mm

公称外径	允许偏差	壁厚 e		长度 L	
		基本尺寸	偏差	基本尺寸	偏差
50	$50.0_{0}^{+0.3}$	1.8	$_{0}^{+0.3}$	3000 4000 5000 6000	+0.4%~ −0.2%
75	$75.0_{0}^{+0.4}$	1.9	$_{0}^{+0.4}$		
110	$110.0_{0}^{+0.3}$	2.1	$_{0}^{+0.4}$		
125	$125.0_{0}^{+0.4}$	2.3	$_{0}^{+0.5}$		
160	$160.0_{0}^{+0.5}$	2.8	$_{0}^{+0.5}$		

图 8-1　建筑用硬聚氯乙烯（PVC-U）雨落水管材与管件（一）

矩形管135°弯管

矩形管135°弯管的规格尺寸

单位：mm

公称规格	基本尺寸		C	E	F
	$A \times B$	$A_1 \times B_1$			
63×42	67.6×46.0	58.6×37.6	36.8	40	55
75×50	80.0×55.0	70.2×45.2	42.0	45	65
110×73	115.8×78.4	104.6×67.6	52.5	55	80
125×83	132.6×90.6	118.0×76.0	62.8	70	95
160×107	169.0×116.0	151.6×98.6	83.5	90	120
110×83	116.4×89.4	104.0×77.0	52.5	55	80
125×94	132.6×101.6	118.0×87.0	62.8	70	95
160×120	169.0×129.0	151.6×111.6	83.5	90	120

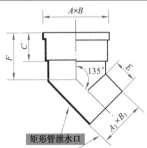

矩形管泄水口

矩形管泄水口的规格尺寸

单位：mm

公称规格	基本尺寸		C	E	F
	$A \times B$	$A_1 \times B_1$			
63×42	67.6×46.6	63×42	36.8	40	55
75×50	80.0×55.0	75×50	42.0	45	65
110×73	115.8×78.4	110×73	52.5	55	80
125×83	132.6×90.6	125×83	62.8	70	95
160×107	169.0×116.0	160×107	83.5	90	120
110×83	116.4×89.4	110×83	52.5	55	80
125×94	132.6×101.6	125×94	62.8	70	95
160×120	169.0×129.0	160×120	83.5	90	120

图 8-1 建筑用硬聚氯乙烯（PVC-U）雨落水管材与管件（二）

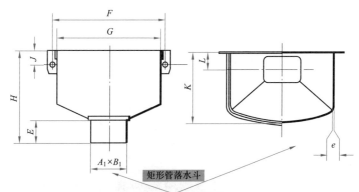

矩形管落水斗

矩形管落水斗的规格尺寸

单位：mm

公称规格	插口尺寸 $A_1 \times B_1$	F	G	K	H	E	L	J	e
75	70.2×45.2	260	240	160	210	45	26.0	30	2.4
110	104.6×67.6	305	280	180	230	55	41.5	35	2.8
125	118.0×76.0	365	340	220	265	70	46.5	38	3.2
160	151.6×98.6	450	420	280	300	90	58.5	40	3.6
110	104.0×77.0	305	280	180	230	55	46.5	35	2.8
125	118.0×87.0	365	340	220	265	70	52.0	38	3.2
160	151.6×111.6	450	420	280	300	90	65.0	40	3.6

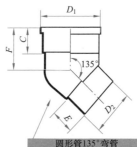

圆形管135°弯管

圆形管135°弯管的规格尺寸

单位：mm

公称规格	基本尺寸		C	R	F
	D_1	D_2			
50	54.8	$45.2_0^{+0.3}$	30.7	40	55
75	80.6	$69.0_0^{+0.3}$	42.4	45	65
110	116.6	$103.4_0^{+0.4}$	52.8	55	80
125	132.4	$117.6_0^{+0.4}$	63.2	70	95
160	168.2	$151.8_0^{+0.4}$	83.6	90	120

图 8-1　建筑用硬聚氯乙烯（PVC-U）雨落水管材与管件（三）

圆形管泄水口
圆形管泄水口的规格尺寸

单位：mm

公称规格	基本尺寸		C	E	F
	D_1	D_2			
50	54.8	50	37.0	40	55
75	80.6	75	42.4	45	65
110	116.6	110	52.8	55	80
125	132.4	125	63.2	70	95
160	168.2	160	83.6	90	120

图 8-1　建筑用硬聚氯乙烯（PVC-U）雨落水管材与管件（四）

生活污水管道一般采用塑料管、铸铁管、混凝土管（由成组洗脸盆或饮用喷水器到共用水封间的排水管和连接卫生器具的排水短管，可使用钢管）。悬吊管道可以使用塑料管、铸铁管、塑料管。易受振动的雨水管道可以使用钢管。雨水管道可以使用塑料管、铸铁、镀锌钢管、混凝土管等。雨水立管一般采用硬聚氯乙烯（PVC-U）排水管材（国家标准）。高层公寓也可以选用高密度聚乙烯（HDPE）管与热镀锌钢管。暗敷雨水管道宜选用热镀锌钢管。虹吸式雨水系统可以选用高密度聚乙烯（HDPE）管或热镀锌钢管。圆形管落水斗的规格尺寸如图 8-2 所示。

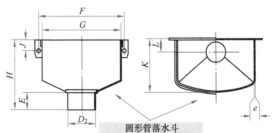

圆形管落水斗
圆形管落水斗的规格尺寸

单位：mm

公称规格	插口外径 D_2	F	G	K	H	E	L	J	e
75	69.0	260	240	160	210	45	42.5	30	2.4
110	103.4	305	280	180	230	55	60.0	35	2.8
125	117.6	365	340	220	265	70	67.5	38	3.2
160	151.8	450	420	280	300	90	85.0	40	3.6

图 8-2　圆形管落水斗的规格尺寸

普通建筑物的雨水管一般采用PVC-U加筋管胶圈接口、PVC雨水管、PVC硬塑料管。建筑物室外雨水管可以采用钢筋混凝土管道承插胶圈接口或高密度聚乙烯双壁波纹管承插胶圈接口。建筑物雨水管如图8-3所示。

图8-3 建筑物雨水管

建筑物雨水PVC-U加筋管管道内外表面应光滑，无气泡、无裂纹，管壁厚薄均匀，色泽一致。管件造型需要规矩、光滑，无毛刺。承口需要有梢度，并与插口配套。建筑物雨水PVC-U加筋管管道与附件需要有合格证、使用说明。

8.2 屋面雨水排水、空调凝结水排水用硬聚氯乙烯管材选用

屋面雨水排水、空调凝结水排水用硬聚氯乙烯管材选用见表8-1。

表8-1 屋面雨水排水、空调凝结水排水用硬聚氯乙烯管材选用

建筑类别、建筑高度及管道敷设场所	实壁加厚管（S11.2）	实壁建筑排水管	双层轴向中孔排水管	雨落水管
多层住宅室外敷设	—	√	—	√
50m以下高层建筑室外敷设	—	√	—	√
50m以下高层建筑室内敷设	√	√	√	—
50m及以上高层建筑室内敷设	√			
工业建筑车间悬吊管	√			
空调凝结水排水管（室外敷设）	—	√		√

注 外墙敷设雨落水管或其他硬聚氯乙烯管材应具耐候性，生产原材料中应添加抗老化剂。

屋面雨水排水用苯乙烯聚氯乙烯共混、聚烯烃管材选用见表8-2。

表8-2 屋面雨水排水用苯乙烯聚氯乙烯共混、聚烯烃管材选用

建筑类别、建筑高度及管道敷设场所	"苯乙烯+聚氯乙烯"共混（SAN+PVC）排水管		高密度聚乙烯（HDPE）排水管	
	S25	S16	S16	S12.5
多层及50m以下高层住宅	√	√	√	—

建筑类别、建筑高度及管道敷设场所	"苯乙烯 + 聚氯乙烯"共混（SAN+PVC）排水管		高密度聚乙烯（HDPE）排水管	
	S25	S16	S16	S12.5
50m 及以上高层建筑室内敷设	—	√	—	√
工业建筑车间悬吊管	—	√	—	√

注 "苯乙烯 + 聚氯乙烯"共混管和聚烯烃管材、管道应敷设在室内。

8.3 雨水管管道的连接

雨水管管道的连接方式主要有弹性密封圈连接（主要适用于 ϕ 63mm 以上的管材）、溶剂粘接（主要适用于 ϕ 110mm 以下的管材）。弹性密封圈连接的安装步骤如图 8-4 所示，PVC–U 管橡胶圈的连接方式如图 8-5 所示。

图 8-4 弹性密封圈连接的安装步骤

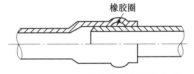

图 8-5 PVC–U 管橡胶圈的连接方式

胶粘剂粘接的原理：硬质胶黏剂是 PVC 原料溶解于特殊的溶剂制造而成的一种胶液，PVC 表面涂以胶黏剂即呈膨润状，如果与另一 PVC 密着时可使两 PVC 表面上的分子变得很接近，待溶剂挥发后两 PVC 接合面胶着成为一体。PVC 管的粘接，就是利用该原理进行的。

胶粘剂粘接的安装步骤如图 8-6 所示。

图 8-6 胶粘剂粘接的安装步骤

8.4 雨水管安装作业条件与工艺流程

雨水管安装作业条件如下：

（1）屋面找平层施工已经完成，经检查验收合格。

（2）建筑物雨水管处装饰工程已经完成，具备做雨水管的条件。

（3）能够确保安装水落口等的操作安全。

雨水管安装工艺流程为：找线定位→安装→固定。

下管可以采用人工或吊车进行。一般而言，管径在 300mm 以下的管，可以用人工抬管。管径大于 300mm 时，需要采用吊车下管。家装雨水管一般是 110、75、50mm 的管材。雨水管如图 8-7 所示。

图 8-7　雨水管

▷ 8.5 ⁞ 雨水管的安装要求与注意事项

雨水管的安装要求与注意事项如下：

（1）出现雨水管安装不直，则可能是安装卡箍时未认真找正。正确的操作是：弹好线，侧向应控制距墙的距离，目测顺直。

（2）雨水管高于找平层，造成层面积水，则需要操作正确，以及保证防水层的坡度要求。

（3）雨水管变形缝固定不牢，则可能是木塞用圆钉或木螺钉固定造成的。固定点一般严禁下木塞。雨水管卡箍一般采用塞水泥砂浆固定，其他安装可以采用射钉或螺栓。

阳台雨水管与外墙雨水管的示例如图 8-8 所示。

安装雨水管，一般随外沿抹灰架子由上往下进行，每个接头处安装一个伸缩节，以备雨水管损坏后维修。雨水管安装时，可以先在水落口处吊线坠弹出雨水管沿墙的位置线，然后根据雨水管每节长度，预量出固定卡位置。固定卡一般间距为 1200mm，设在下面一节管的上端，卧卡子用水泥砂浆固定。一般要求不得打入木塞固定或固定在木塞上。雨水管安装时，如果遇建筑腰线，需要与腰线连通，如图 8-9 所示。粉刷时加钢丝网，以防止腰线裂缝空鼓。

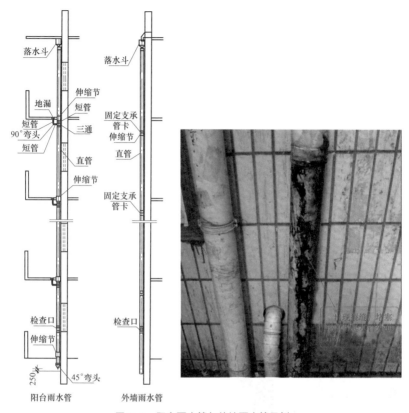

图 8-8　阳台雨水管与外墙雨水管示例

图 8-9　雨水管离连通建筑腰线

PVC-U 管胶圈接口安装注意事项：

（1）接口与胶圈的检查。接口表面需要光滑、平整、无凹陷、无异常变形。胶圈需要有较好的弹性，无严重变形。

（2）切断与倒角。当管材需要切断时，先按需要长度画线，用细齿锯切割，并且注意切断面要平整，以及应与管子的轴线相垂直。然后用中号板锉均匀倒角。注意，胶圈密封接口的表面不需要打毛。

（3）清理接口和胶圈。需要先清除加工面的碎屑，再用干净的干布擦拭连接表面，彻底清除尘土、水分。表面有油污时，需要蘸丙酮擦拭，以除去油污。

（4）画线。根据不同管径、配件承口的深度，在管子插入端用笔画出插入深度的标记线。不同管径的插入深度不同。

（5）插入。将橡胶圈捋顺后，置于承口的沟槽内。在承口端涂布肥皂水，用力插入承口内，直到达到标记线位置。

（6）采用托吊管安装时，需要根据设计坐标、标高、坡向做好托、吊架。施工条件具备时，将预制加工好的管段，根据编号运到安装部位进行安装。

（7）安装立管需装伸缩节，伸缩节安装需要符合设计要求。

（8）管道安装完后，需要做灌水试验。灌水高度必须到每根立管上部的雨水斗。出口用充气橡胶堵封闭，以不渗漏、水位不下降为合格。

PVC-U 管胶圈接口示例如图 8-10 所示。

图 8-10 PVC-U 管胶圈接口示例

PVC-U 管胶圈接口时的插入深度见表 8-3。

表 8-3   PVC-U 管胶圈接口时的插入深度

外径 D（mm）	63	75	90	110	125	140	160	180	200	225
插入深度（mm）	64	67	70	75	78	81	86	90	94	100

质量与施工要求：

（1）雨水管存放需要平整，横、竖分层码放。

（2）雨水管安装前，需要对雨水斗采取措施，不能使雨水斗的排水浇墙，造成墙面污染。

（3）雨水管安装现场，需要严格遵守现场安全生产管理制度，严禁盲目施工。

（4）雨水管安装现场，外脚手架必须确保安全。

（5）雨水管安装现场，施工时必须正确使用安全用品，特别是安全带，必须高挂低用。

（6）雨水管安装现场，施工期间严禁抛扔工具、垃圾，以确保施工安全。

（7）雨水管的质量需要符合设计要求，表面无空鼓气泡现象、颜色一致。

（8）雨水管的安装必须牢固，固定方法、间距需要符合规范要求。

（9）雨水管排水要通畅，不漏水。

（10）雨水管的连接口需要紧密，承插方向、长度、排水口距散水的高度符合要求，正面、侧面视为顺直。

8.6 天沟系统

集聚雨水的沟称为天沟，天沟也叫做挑檐、檐沟、檐槽、落水槽、雨水槽、屋面天沟、落水天沟、成品天沟、屋面排水系统等。天沟是指建筑物屋面两胯间的下凹部分。天沟分为内天沟、外天沟。内天沟是指在外墙以内的天沟，一般有女儿墙。外天沟是挑出外墙的天沟，一般没有女儿墙。

如图 8-11 所示，如果没有雨水槽，地面上就会因雨滴而形成水沟或积水，影响进出住宅。另外，对建筑物周围基座也会造成损伤，飞溅起来的水滴直接沾在建筑物的外墙上，破坏建筑物的美观。总之，雨水槽的作用就是能够尽量延长建筑物的使用寿命。

没有雨水槽，使住宅的基座、地基无法使用，对山墙、檐口造成损伤

有雨水槽，雨水顺畅地流入排水沟槽

图 8-11 雨水槽的作用

屋面排水分为有组织排水、无组织排水（自由排水）。有组织排水一般是把雨水集到天沟内，再由雨水管排下。

屋檐雨水槽、天沟排水把雨水汇集后，再通过雨水管排出去。因此，在屋面上就需要用天沟来汇集雨水。天沟系统是一种有组织排水系统，其中屋檐雨水槽系统是近年来兴起的一种先进的有组织排水系统。它不仅能有效地将雨水与融化的雪水合理地排离建筑物，防止对屋面、墙面、地基造成损害，还是一道优美的线条，与外立面、屋面配合完美，耐候性良好，是现代别墅及多层建筑的必选品，如图 8-12 所示。

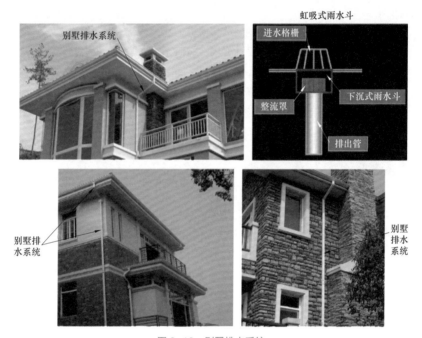

图 8-12 别墅排水系统

落水管适用于别墅、多层、高层建筑。同时对所有采用瓦形的建筑都能承接雨水。PVC 落水系统主要构件包括雨水槽、雨水槽锁毕器、雨水槽卡接器、雨水槽阴角、雨水槽阳角、雨水斗、雨水管、雨水管接口器、雨水管转向器、雨水管引流器、雨水槽吊接器、雨水管斜三通等。

落水管直径有 75、100、150mm 等几种。

落水管间距为：女儿墙平屋面小于 18m，挑檐平屋面小于 24m，单层工业厂房小于 30m，瓦屋面小于 15m。

屋檐雨水槽与天沟多属于屋面落水系统。落水系统屋檐雨水槽的材料、尺寸对于落水系统的建设来说很重要。选择时，考虑到大斜坡屋面雨水可能会从天沟中冲出，也可以相应增大天沟的尺寸。天沟尺寸一般是根据屋面汇水面积确定，5in（1in=2.54cm）K 形天沟可以供一般家庭房屋使用。6in K 形天沟一般用于大型的建筑屋面。5in K 形天沟一般配用 50mm×80mm 的落水管。半圆天沟一般要比 K 形天沟大 1in，以便保证和 K 形天沟同等的雨水容量。落水系统结构图如图 8-13 所示。

落水管的口径需要根据屋面汇水来确定：

（1）50mm×80mm 的落水管可以满足 60m² 的屋面汇水。

（2）60mm×80mm 的落水管可以满足 120m² 的屋面汇水。

（3）80mm×100mm 的落水管可以满足 200m² 的屋面汇水。

5in K 形天沟如果配 60mm×80mm 的落水管更不容易发生内部堵塞现象。

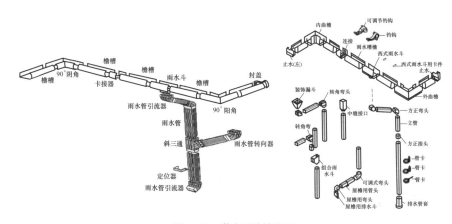

图 8-13　落水系统结构图

8.7　彩铝／成品檐沟落水系统

K 形 7in 彩铝落水系统产品组成包括 7in K 形檐沟、檐沟吊件、檐沟封盖、檐沟阴阳角、檐沟连接件、槽管连接器、7in 方形雨水管、管卡、弯头、斜三通、雨漏斗、挡叶网、泛水板等，如图 8-14 所示。

（1）彩铝落水系统的安装：一般在屋面瓦铺装和屋檐口面涂刷完毕，脚手架拆除前安装成品檐沟，根据进度安装落水管部分。彩铝落水系统屋面结构如图 8-15 所示。

（2）成品檐沟安装的程序：确定落水管位置→绘制导向线→测量屋面檐□度→确定檐沟长度→连接檐沟→裁切内外转角→安装端头封板→安装檐沟□铆接内外转角→

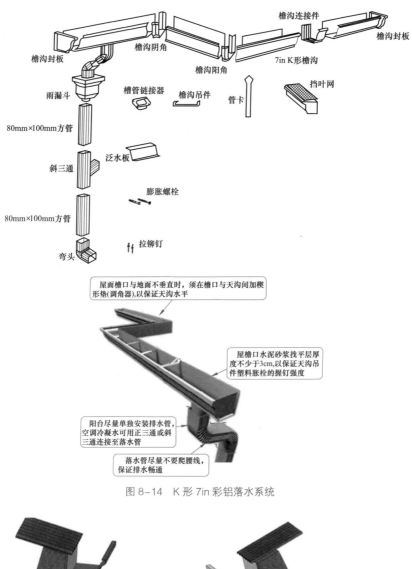

图 8-14　K 形 7in 彩铝落水系统

图 8-15　彩铝落水系统屋面结构

檐沟的安装如图 8–16 所示。

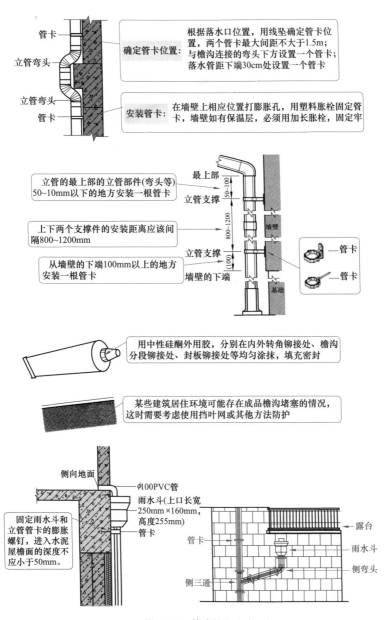

图 8–16　檐沟的安装（一）

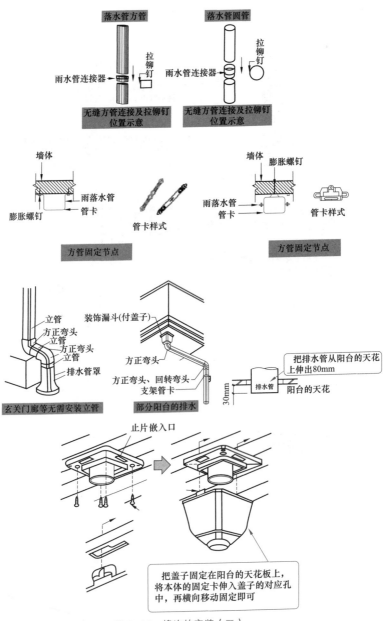

图 8-16 檐沟的安装（二）

8.8　室内排水和雨水管道安装的允许偏差和检验方法

室内排水和雨水管道安装的允许偏差和检验方法见表 8-4。

表 8-4　　　　室内排水和雨水管道安装的允许偏差和检验方法

项　目			允许偏差（mm）	检验方法
坐标			15	
标高			+15	
横管纵横方向弯曲	铸铁管	每 1m	≤ 1	用水准仪、水平尺、直尺、拉线、尺量检查
		全长（25m 以上）	≤ 25	
	钢管	每 1m　管径小于或等于 100mm	1	
		每 1m　管径大于 100mm	1.5	
		全长（25m 以上）　管径小于或等于 100mm	≤ 25	
		全长（25m 以上）　管径大于 100mm	≤ 308	
	塑料管	每 1m	1.5	
		全长（25m 以上）	≤ 38	
	钢筋混凝土管、混凝土管	每 1m	3	
		全长（25m 以上）	≤ 75	
立管垂直度	铸铁管	每 1m	3	吊线、尺量检查
		全长（25m 以上）	≤ 15	
	钢管	每 1m	3	
		全长（25m 以上）	≤ 10	
	塑料管	每 1m	3	
		全长（25m 以上）	≤ 15	

8.9　雨水排水管道的最小坡度

雨水排水管道的最小坡度见表 8-5。

表 8-5　　　　　　　　雨水排水管道的最小坡度

管径（mm）	最小坡度（‰）
50	20
75	15
100	8
125	6
150	5
200~400	4

▶ 8.10 ▏屋面雨水重力流圆形排水立管的最大泄水量

屋面雨水重力流圆形排水立管的最大泄水量见表8-6。

表 8-6　　　　　屋面雨水重力流圆形排水立管的最大泄水量

公称外径 DN （mm）	管径 × 壁厚 （mm）	最大泄水量 （L/s）	管径 × 壁厚 （mm×mm）	最大泄水量 （L/s）
75	75×2.3	4.5	—	—
110	110×3.2	12.8	—	—
125	125×3.7	18.3	—	—
160	160×1.0	35.5	160×4.7	34.7
200	200×4.9	64.6	200×5.9	62.8
250	250×6.2	117.0	250×7.3	114.1
315	315×7.7	217.0	315×9.2	211.0

▶ 8.11 ▏雨水斗的最大泄流量

雨水斗的最大泄流量要根据雨水斗的特性，并结合屋面排水条件等来确定，参考表8-7。

表 8-7　　　　　　　雨水斗的最大泄流量

雨水斗规格（mm）	50	75	100	125	150
重力流雨水斗泄流量（L/s）	—	5.6	10	—	23
87 型雨水斗泄流量（L/s）	—	6.0	12	—	26

▶ 8.12 ▏雨水塑料排水管道的最小管径、横管的最小设计坡度

雨水塑料排水管道的最小管径、横管的最小设计坡度见表8-8。

表 8-8　　　　雨水塑料排水管道的最小管径、横管的最小设计坡度

管道类型	最小管径 DN （mm）	横管最小设计坡度 （%）
管（圆形或矩形）	75（75×50）	
立管	110	
埋地排水管	110	10
接户管	200	3
管、支管	160	1.5
雨水口的连接管	160	10

［1］阳鸿钧，等．家装电工现场通［M］．北京：中国电力出版社，2014．

［2］阳鸿钧，等．电动工具使用与维修960问［M］．北京：机械工业出版社，2013．

［3］阳鸿钧，等．装修水电工看图学招全能通［M］．北京：机械工业出版社，2014．

［4］阳鸿钧，等．水电工技能全程图解［M］．北京：中国电力出版社，2014．

［5］阳鸿钧，等．装修水电技能速通速用很简单［M］．北京：机械工业出版社，2016．

［6］阳鸿钧，等．家装水电工技能速成一点通［M］．北京：机械工业出版社，2016．

［7］许小菊，等．电工数据即查即用［M］．北京：中国电力出版社，2015．